2014 年度教育部人文社会科学研究规划基金项目
"基于'昆曲艺术视觉符号'的家纺产品造型设计与工艺实现研究"（14YJA760004）

家纺产品
整体设计研究

高小红／著

中国纺织出版社

内容提要

本书立足于现代"大家居"视角，结合丰富、翔实的典型案例，对家居纺织产品整体设计的要素、原则、流程、方法进行专业的研究与探讨，从用户分析、设计定位、面料设计、色彩设计、装饰图案设计、款式设计、工艺设计等环节出发，对包括客厅、卧室、餐厅、卫浴间、婴儿房等室内空间所使用家纺产品的整体设计进行研究。

本书以专业的眼光和独特的视角，为注重实践、富含文化内涵的家纺产品设计业提供有价值的基础理论与借鉴实例，也为从事或喜爱家纺产品设计工作与学习的人，提供直观的、理论与实践结合的书籍文献资源。

图书在版编目（CIP）数据

家纺产品整体设计研究 / 高小红著. -- 北京：中国纺织出版社，2017.4 （2024.1 重印）

ISBN 978-7-5180-3394-2

Ⅰ.①家… Ⅱ.①高… Ⅲ.①家用织物—设计—研究 Ⅳ.① TS106.3

中国版本图书馆 CIP 数据核字（2017）第 058907 号

策划编辑：孔会云　　责任编辑：范雨昕　　责任校对：寇晨晨
责任设计：何　建　　责任印制：何　建

中国纺织出版社出版发行
地址：北京市朝阳区百子湾东里 A407 号楼　邮政编码：100124
销售电话：010 — 67004422　传真：010 — 87155801
http://www.c-textilep.com
中国纺织出版社天猫旗舰店
官方微博 http://weibo.com/2119887771
北京虎彩文化传播有限公司印刷　各地新华书店经销
2024 年 1 月第 4 次印刷
开本：710×1000　1/12　印张：9.5　插页：6
字数：160 千字　定价：72.00 元

前　言

　　"家纺产品整体设计"这一概念的提出已有十余年了，但时至今日，相关理论研究还是很少，虽然也有一些较好的设计案例，但却没能以便于推广、传播、借鉴的方式留存下来。最有趣的现象是：在一年一度的国际家纺展会上，各品牌花大力气展示自己的"整体家纺"设计功力，主要目的是吸引更多的订货商；斥巨资打造家居生活馆，主要目标定位于占少数的高端消费层；反而是对于专卖店、商场、超市、大卖场等与大众更为密切的实体展示平台，整体家纺的设计、陈列、推广却大都简单、马虎，根本不具有业界本该承担的引导消费的作用。今天，整体家纺进一步升级到整体家居，但真正面对的还是酒店、豪华别墅以及房地产样板间的整体家居定制项目，距离普通消费者的生活仍然较远。因此，整体家纺设计的理念并没有深入我国的大众消费群体，业界甚至没能真正实实在在地为消费大众而投入。然而，整体家纺是未来生活的必然趋势，是日渐成熟的中国消费者的必然需求，对其进行设计研究，是家纺设计界必须投入的大事。本书正是在这样的背景下，来探讨家纺产品整体设计的要素、原则、流程和方法。

　　整体家纺设计首先要依托于一个完整的室内空间环境，这个空间环境主要包括卧室、客厅、餐厅、卫浴间、厨房、书房、玄关等。整体家纺的设计过程一般遵循总、分、总的规律。当依托于一个室内空间来进行整体家纺设计时，首先就要根据环境来确立装饰风格，然后在此基础上综合考量整体家纺的色彩配置、图案设计、材质选择、款式造型等设计，将艺术灵感与理性思考巧妙地排列组合，使整体家纺的各个产品、家纺产品与室内空间环境结合为有机整体，形成具有艺术感染力的意境氛围。

当下的设计越来越注重情感化的表达，并由此促进了"主题性概念"设计的产生、发展和流行，反映在整体家纺设计中，就是要依据一定的导向性概念，进行室内空间所使用的家纺产品整体风格的确立与细化、设计元素表现，理顺元素与风格的关系，使之形成文化与风格、结构与材质、色彩与图案等方面合理搭配的系统概念，并以物化的手法将导向性概念加以整体形象诠释的过程。

家纺产品设计，不仅是针对纺织品设计要素，更应立足于现代工业产品设计的视角，从产品的功能性、易用性、审美性、情趣性、文化性等设计要素出发，来探讨其包括组织结构、材质、图案、色彩、款式等纺织品设计要素的优化配置。这种优化配置适用于整体设计，也对应于每个单品，因此，本书在整体家纺探讨的基础上，也专门探讨了典型家纺产品的优化设计。

如今，婴儿房在家居空间中占有越来越重要的比重，为婴幼儿打造奇趣的生活空间，是设计师义不容辞的责任。本书针对婴幼儿家纺产品的整体设计，专门分列一章来进行探讨，探讨婴幼儿家纺产品设计以用户为中心的设计理念，探讨用户对产品的多元化需求，探讨产品整体性、功能性、绿色环保、民族特色的发展趋势，探讨系列婴幼儿家纺产品设计开发的原则、方法及流程。

为了能够更好地进行设计探讨，本书插入了许多整体家纺设计图稿，这些图稿由雷杨绘制完成，没有她的辛勤付出，也不会有本书的最终出版，在此深表谢意。

作者

2016 年 11 月 18 日

目　录

第一章

了解与思考 ▶▶▶

第一节 "大家居"时代的"大家纺"

随着生活水平的提高，人们的消费需求、消费模式日益改变，与生活密切相关的家纺行业也高速发展，时至今日，"大家居"概念呼啸而出，呈井喷式增长，成为行业发展大势，各种特色、温馨、情调的生活馆如雨后春笋般涌现，俨然已是家纺企业展示品牌实力、倾诉品牌理念、彰显品牌文化的风向标。其中，最为突出的表现是家纺企业与家具、家饰、室内设计企业的深度跨界交流，构建起一体化的营销渠道，为消费者提供一站式家居解决方案。从家纺、家具设计、生产企业迈向大家居领域，独自奋斗并不能赢得未来，而必须是深度的交叉、衔接与融合，所以"大家居"是时代为各相关行业提供的机遇，而对于家纺产业来说，则会使"大家纺"概念坚实落地并日益成熟。

一、"大家纺"概念的发展

（一）概念产生

20世纪90年代末，国家工业基础逐步完善，社会经济高速发展，人们生活水平得到了很大的提高，生活方式由"温饱型"向"小康型"转变，生活品位也向"小资""中资"靠拢，消费者对家用纺织品的需求，不仅表现在数量上，更是表现在对产品品质、品位要求的提升，家纺产品市场逐步向多元、多层次、多结构的细分化方向转变。同时，中国房地产业一路高歌，与房地产密切相关的家纺业也由此进入高速发展期。2000年，中国家纺行业协会根据当时的市场需要提出了"大家纺"概念，并明确了"大家纺"的范畴包括"巾、床、厨、帘、艺、毯、帕、垫、袋、线、植"十一大类。

"大家纺"模式使产品层次和结构更为丰富，产品细节设计、艺术性、潮流时尚性也越来越多地被提到，首先在家纺行业知名的地域性品牌中落地，如罗莱、梦洁、富安娜等，并逐渐为业界和广大企业所认同。

（二）概念发展

"大家纺"模式有效扩大了家纺行业的发展空间，对一些品牌的发展壮大具有良好的促进作用。如罗莱、富安娜品牌，在"大家纺"模式的指引下，一跃成为中国家纺行业的龙头企业。也有一些品牌，在实力不足的情况下片面追求"大家纺"，追求产品线的大而全，忽视了产品品质的提升，没有开发出自己的拳头产品，最终导致舍本逐末，品牌整体水平下降而得不到市场的认可。

上述问题促使业界重新审视"大家纺"概念，并进一步梳理其本质含义。"大家纺"是针对整个家纺行业而言的，其实质并不在于同品牌家纺的大而全，不是要每个家纺企业都"大家纺"化。"大家纺"与"整体家纺"有诸多共同点，针对一定的室内空间，两者概念重合，即对空间内所使用家纺进行统一的考量，使不同功能用途的家纺产品在风格、材料、色彩、图案、款式、工艺等方面相互呼应、联系并有序组合，形成特定而风格一致的整体。同时，家纺产品还要与家装环境、与其他软装饰相协调，成为"大家居"环境的有机组成部分。可以说，"整体家纺"是"大家纺"概念的延续，是适合时代发展的"大家纺"逐步成熟的结果。

（三）走向"大家居"

"整体家纺"带来了"整体家居"。近几年来，从家纺到"大家纺"再到"大家居"，家纺企业始终热情高涨地在实践。在一年一度的国际家纺展会上，参展企业展示的不再只是面料，而是从窗帘、沙发、靠垫、床品等一定空间内使用的家纺，到墙纸、饰品、灯具、家具等的整体家居配套设计。参展商希望通过这种突破传统格局的展位布置，来向受众传递"大家居"的生活理念。最值得关注的是，在2015年中国国际家纺展期间，家纺、家具、家饰、商贸等企业代表在"携手大家居·共创新生活——大家居战略高峰论坛"上，共同发布了"大家居战略联盟宣言书"，预示着我国"大家居"时代的起航，也成为家纺行业从"大家纺模式"向"大家居模式"转型升级中浓墨重彩的一笔。

二、"大家纺"的发展现状

（一）市场供求

我国不断增长的家居消费需求，不断提升的对家居环境品位、格调的需求，使

"大家纺""大家居"模式一致被看好，业界普遍认为整体家居是潜力巨大的朝阳行业，抢到先机者，能够占据更多的市场份额，因此众多家纺、家具企业纷纷投身其中，使之增长速度非常迅猛。而对比家纺行业、企业如火如荼的热情，消费者的反应却淡漠许多，供求矛盾的成因主要表现在以下方面。

1. 对"大家居"专业性的质疑

整体家居作为一种行业发展模式，目前正处于发展的初期阶段，缺乏成功的案例来借鉴参考，即便如罗莱家纺这样的龙头企业，其"家居生活一站式""智能家居"供应商的战略转型，也只被业内认为是摸着石头过河，并不一致看好。从消费者层面，整体家居符合现今中国城市生活的快节奏，符合一体化、一站式消费习惯，其夺人眼球的形式也使很多消费者赞不绝口，但具体到购买、定制行为时，依然会有大量消费者质疑其专业性，人们很难相信，仅依靠一个品牌便可包办家中几乎所有的家居物品。

2. 价格的制约

我国家居市场的整体消费水平表现为高、中、低层级分化。高端消费倾向于整体家居，这部分人更注重生活环境的品质，追求家居品位与格调，也具备整体家居的消费实力，是目前整体家居市场的消费主力军。中端消费从理念上认可整体家纺、整体家居，比起价格，这一层次的消费者更看重产品的性价比，他们认为，目前高端定制的整体家居过于昂贵，性价比不高；而中端价格的整体家纺可以接受，但产品在专业性、设计、可选择性等方面都有待提升；低端消费对于整体家纺、整体家居的热情并不高，这部分人群第一不具备消费实力，第二对家纺产品的重视程度不足，他们选购时更在乎产品的质量与价格，基本不考虑家纺与家居环境的谐调，整体家纺目前在这个群体中很难获得市场。

3. 传统消费观念的制约

在欧美，家纺布艺与服装一样是快消品，有每年的流行风格，需要定期更换，整体家纺像咖啡一样具有一定的知名度和普及度，而我国家纺的消费观念与欧美有天壤之别，其主要消费者——大众家庭主妇，受勤俭持家观念的影响，更为重视家纺产品的物美价廉，对于设计、品位则重视度不够。因此，"大家纺"在目前的中国，只能是一部分高层次、高收入阶层的独爱。

4. 业界对于市场的引导不足

目前中国家纺行业、企业对大家纺、大家居的宣传、推广，还仅停留在肤浅的表层。在一年一度的国际家纺展会上，各品牌花大力气展示自己的"大家纺""大家居"设计功力，主要吸引到的是更多的订货商；斥巨资打造家居生活馆，主要吸引到的是高端消费层，而对于专卖店、商场、超市、大卖场等与大众更为密切的实体展示平台，整体家纺的陈列却大都简单、马虎。而且，整体家居的主要业务在于酒店、豪华别墅以及房地产样板间的整体家居定制，同样距离普通消费者的生活较远。因此，"大家纺""大家居"理念并没有深入尚不成熟的我国大众消费群体，若要使整体家纺、家居像欧美市场一样融入寻常百姓的生活，中国家纺还有很长的路要走。

5. 国外市场

美国和欧洲是世界最大的家用纺织品消费市场，每年消费全球 40% 以上的家纺产品，紧随其后的是日本、澳大利亚和新西兰。自国际金融危机后，欧美消费者购买家纺产品的数量呈下降趋势，由此带来欧美家纺市场的消费紧缩局面，但与此同时，该市场对于功能性、智能性高端产品的追求却在不断提升，而这正契合了欧美成熟市场的产品供应机制。

在配额制度取消的背景下，制造成本的不断提升，使家纺企业向具有成本优势的发展中国家转移，欧美等国的中低端家纺供应呈萎缩之态。然而，在高端产品领域，欧美凭借其产品研发、设计、创新、品牌战略、资金、技术、信息方面的显著优势，正统领全球高技术家纺、奢侈针织家纺等高端市场，获取高额利润。

（二）产品开发

我国家纺与世界高端水平相比，设计开发能力明显不足，针对"大家纺"，主要表现在以下方面。

1. 民族性、原创性不足

在对西方流行文化的学习中，我国的家纺设计紧紧跟随欧化的风潮，疏离了自己优秀的传统文化，偏离了洋为中用的本意，致使"克隆"成为今天制约很多企业和家纺行业发展的重要瓶颈。对比印度家纺所贯穿的鲜明的民族特色、韩国家纺所保持的醒目的风格路线以及欧美家纺对自身设计文化的总结和传播，我国家纺对民族文化挖掘略显浅薄。当然，也要看到近年来我国家纺业原创风气的兴起。多年的发展，使中国家纺在量能、品类上走向成熟，因此有底气开始建立自己的民族个性风格，今天国际家纺设计界的"东风西渐"，可以看作是构建"中国设计风格"的宣言，也是构建中国家纺设计"话语权"的实际行动。

2.整体家纺的设计能力不足

虽然"大家纺"在我国的提出已是十几年前的事，但直至今日，大众消费市场的产品还是以单品或狭义的小配套为主，各大家纺品牌在展会、家居生活馆、高端私人定制项目中彰显设计功力的作品，也往往表现出风格、品类、款式等欧化的同质特征，出境最高的是欧式古典风格、欧式现代风格、北欧简约风格。同时，设计还表现出单品件数多而品类细分不足，各单品之间的关联性、趣味性、细节呼应不足；同类组成单品之间的互换性不足；家纺产品与其他软装、室内环境的呼应不足等问题。即便是针对本土市场需求而设计的新中式风格，也难见高水平的作品，多数表现为传统文化元素的生搬硬套，不能将传统符号与现代时尚有机结合，产品因缺乏时代特征而与生活、市场脱节。在欧美日等发达国家，系列化设计、整体家居配套设计理念早已深入人心，许多设计师不只做纺织品设计，同时还是家具设计师、家饰设计师，并参与到室内环境的艺术设计之中，表现出非常好的专业综合素质与全局掌控力，全方位为消费者提供文化、时尚、意趣的整体家纺、家居设计（图1-1、图1-2，彩图1、彩图2）。

3.产品的专业性不足

我国很多家纺企

图1-1 卧室整体家纺设计（美国奥德西品牌）

图 1-2 整体家纺的单品呼应（美国奥德西品牌）

图 1-3 客厅整体家纺设计（美国 Harbor House 品牌）

业是一路跟风进入"大家纺"模式的，没有考虑自身的特点与实力，片面追求产品线的大而全，最终导致了产品专业性不强，品质低下，不具备市场竞争力。在欧美日等成熟市场，大多数家纺品牌都有明晰的产业链定位，各品牌从自身优势出发，争做产业链中某一品类，或整体家纺，或整体家居的头把交椅，如德国的"鲍"、意大利的"布芮妮"，就以其专一、精致的产品结构身处国际家纺市场的风口浪尖，而美国的"Harbor House"，则以其丰富、专业、个性化的整体家居产品线在世界家居舞台独领风骚（图 1-3，彩图 3）。

4. 对消费者心理研究不足

家纺企业只有深入研究消费者需求才能真正打开市场。我国大多数家纺企业在产品研发上的投入不足，尤其是对消费者的研究重视不够，为设计而设计成为中国家纺设计的败笔。在成熟的国外市场，家纺企业的新品开发通常是基于大量的市场调研基础之上，从研究消费者生理、心理特征、生活方式、使用方式、流行趋势开始，依次完成新品的风格定位，概念设计，色彩、图案、款式设计，直至最后的系列新品、整体家纺开发，整个过程由团队中的色彩设计师、产品设计师、工艺设计师等人协作完成，因此，开发出的新品概念清晰，市场定位明确，品质出色，能够很好地起到引导市场的作用（图1-4，彩图4）。

图1-4　现代清新海洋风格的整体家纺设计（美国汉普顿品牌）

（三）发展趋势

1. 内涵更为丰富的专业化"大家纺"

随着消费需求的继续细化，家纺必定涵盖越来越广泛的内容。目前家纺品牌所提供的产品，只是广大消费需求中的一部分，家纺产品线的外延是整个行业发展的趋势，尤其是，随着消费者对产品要求的提升，家纺行业的日渐规范，大家纺的设计生产越来越专门化也是行业发展的趋势。

罗莱、富安娜这些领导品牌的发展经验告诉人们，若要长期占领市场，家纺企业必须要有自己的拳头产品，而后，当发展到一定阶段，核心产品差异化不再时，率先开发全产品线是制胜市场的关键。因此，未来"大家纺"仍然会成为业界的主流模式之一，其门槛会越来越高，不仅在品类内涵上更为丰富，在产品质量、性能上也更为专业化。

2. 融入"智能大家居"中的"大家纺"

消费者对家居环境要求的不断提升，加之物联网科技的快速发展，使智能家居强势进入公众视野，由此也带出了智能家纺的概念。智能家居能够为公众的日常生活、工作带来极大便利，而智能家纺作为"智能大家居"中的成员，又与消费者的健康息息相关。数据显示，目前成熟的欧美市场对智能家纺的需求日益提升，智能家居将逐渐走入公众的日常生活已成必然趋势。2014年以来，中国家纺行业龙头纷纷布局智能家居领域，"罗莱家纺"更是率先更名为"罗莱生活"，携手"和而泰""迈迪加"共同打造智能家居生态链，主推"智能睡眠监测器""智能床垫"等系列智能睡眠产品。最为瞩目的是，在2015年"深圳国际智能家居博览会"上，"和而泰"企业展示了C-Life智能家居平台，这是一张可以测量心跳、血压和翻身次数的床，可以与夜灯、窗帘连接，当起夜时，夜灯会自动亮起；当晨起时，窗帘会自动打开。"C-Life"智能化地为消费者创造最佳的睡眠环境。

3. 民族个性化的"大家纺"

若要占领国际市场，若要长远地拥有国内市场，家纺产品必须拥有我国的民族特色，这点在每个世界知名家纺品牌的发展历程中都有印证。中国市场巨大的消费潜力，使国际设计界刮起强劲的中国风，这是我国传统文化又一次大放异彩，使我国家纺设计终于迎来了民族个性化发展的春天。今天的"大家纺"设计既要吸收欧美日成熟设计的优点，借鉴其设计方法与原则，也要以传统、民族文化为根基，对传统元素进行深入传承和创新，取其精华，去其糟粕，握其精髓，设计并生产出既有民族美学意蕴，又能体现时代精神的系列化、整体化的家纺产品，以提高我国"大家纺"设计水平，推动中国家纺行业更快地发展。

从家纺到"大家纺"，再到"大家居"，中国家纺行业经历了十几年的蜕变，有了长足的进步，也存在诸多问题。时至今日，我国家纺设计的原创性、民族个性还是有待突破的瓶颈，而"大家纺"设计的专业性仍有很大的提升空间；同时，"大家居"设计已呼啸而出，并占据我国家纺行业的大片领地；科技的快速发展，使世界家纺行业快步向智能大家居迈进，中国家纺界的龙头也在努力探索、争取这块高地。对于中国家纺行业来说，家纺、"大家纺""大家居"的形式并存是未来一段时间内必然的局面，也是中国特色"大家纺"最终走向成熟必经的过程。

第二节　关于整体家纺设计

近年来，"大家纺"理念在家用纺织品行业掀起了巨大的浪潮，而同时，我国城镇化建设步伐的加快也使得越来越多的城镇消费者对居室的整体软装、整体家纺（室内大家纺）提出更高的要求，加之"大家居"理念的深入传播、推广，整体家纺设计已成为未来家纺设计发展的必然趋势。

一、整体家纺设计的含义

整体家纺设计，也称为家纺产品的整体设计，针对一定的室内空间，与"大家纺"概念重合，主要包括两个方面的含义。首先，是指对空间范围内所使用的家纺产品做整体性的考量，以整合的设计理念、相应的设计手段使各种针对不同装饰对象或具有不同用途的家用纺织品有序地组合起来，形成特定而风格统一的整体。其次，是指与居室装修风格相统一，强调家纺软装饰与居室的硬装饰相统一，强调软装饰与硬装饰互为映衬、互为补充的和谐效果。也就是说，整体家纺提供丰富的产品系列，注重系列的整体性与统一性，强调家纺软装饰是家居整体装饰的一个有机组成部分。整体家纺设计通过对款式、色彩、面料、图案等要素进行系统地整合，使设计主题、风格和理念得以更充分地体现，彰显设计内涵，也同时获得更为强烈的视觉效果。

二、整体家纺设计的承载空间

整体家纺设计首先要依托于一个完整的室内空间环境。现代家居空间主要包括卧室、客厅、餐厅、卫生间、厨房、书房等，各空间功能明确、独立分区，整体家纺设计就是要针对这些不同的功能区，对其中使用的家纺产品进行图案、色彩、材质、款式等因素的整体考量。因此，往往整体家纺设计也会分为客厅空间、卧室、餐厅、厨房、卫浴空间的整体家纺设计。而对于卧室空间，如果进行细分，还可以进一步考虑成人、儿童及婴幼儿所使用的卧室空间。特别要强调的是婴幼儿空间，因为婴幼儿几乎所有的时间都在其中，而且纺织品柔软温暖的触感又非常适合婴幼儿娇嫩细腻的肌肤，所以，婴幼儿卧室空间的整体家纺设计最具特色且内容极为丰富。

三、整体家纺设计的风格

家纺产品的设计风格是产品的外观样式与精神内涵相结合的总体表现，是指产品所传达的内涵和感受。它能传达出家纺产品的总体特征，给人以视觉冲击力和精神感染力。尤其是当依托于一个室内空间来进行整体家纺设计时，首先就要根据环境来确立装饰风格，这是设计的第一步，然后在此基础上完成整体家纺的色彩配置、面料图案、款式造型等设计，将艺术灵感与理性思考巧妙地排列组合，使家纺产品与室内空间环境结合为有机整体，形成具有艺术感染力的意境氛围，激发人们对美的感受。因此，进行整体家纺的设计，要非常注重风格情调的确立。

整体家纺的风格有很多，从时代、地域、民族、生活方式等方面都可以切入区分，比如古典与现代、后现代，欧式与中式，田园与极简等。在不同风格中，还可以做更细致的划分，如古典风格中的中式古典与欧式古典；田园风格（自然风格）中的美式田园、欧式田园、韩式田园、中式田园。同一空间内的整体家纺，往往也会呈现不同风格的融合与交叉，现代人多元的生活方式与审美，使这种风格融合偏好表现得越来越突出，于是就有了近年来混搭风格的流行。整体家纺常见的设计风格总结如下。

（一）中式古典风格

中式古典风格是指继承中国传统，讲究文化底蕴，格调高雅，体现较高审美情趣的一类风格。其家纺产品在款式上采用简练的整体结构，讲究比例均匀，以细部的精致刻画与大块面的整体效果形成强烈、有序的对比；色彩方面多采用中国传统织物图案、色彩以及传统的吉祥图案等最适合体现中式古典风格的元素，其寓意、造型、配色都充分反映了中国悠久的历史文化背景。由于典型的中式家具多采用黄梨木和红木，所以中式古典风格的家用纺织品色调多以米色、淡赭、熟褐、暗红色为主色调，局部采用纯度较高、鲜艳明亮的大红、翠绿、明黄、金色等作为点缀，起到画龙点睛的作用（图 1-5，彩图 5）。在面料的选择上，多选用素色或带有简单的云纹、曲水纹、菱花纹装饰的提花或印花织物。中国传统的丝织物如织锦缎、古香缎等色彩绚丽、光泽华丽，

图1-5　中式古典风格的整体家纺设计

常被用作局部点缀的面料。在装饰设计上多运用有民族特色的工艺如刺绣和编结。刺绣作为中国传统手工艺的代表，可以增加产品的观赏性和艺术性。中国结流传已久，花样繁多，包括花结、盘扣、穗子等，运用在家用纺织品中不但能起到装饰作用，而且具有深刻的寓意。

（二）欧式古典风格

欧式古典风格是从古希腊、古罗马时代发展而来的，经历了文艺复兴时期、巴洛克时期、洛可可时期，在现代家居设计中形成了富丽、豪华、典雅、高贵的特点（图1-6，彩图6）。在款式设计上突出繁复、庞杂的细节设计，多采用

图1-6　欧式古典风格的整体家纺设计

有装饰花边的帷幔，大面积的褶皱、层层叠叠的木耳边都能体现出富丽堂皇的装饰效果。色彩为体现欧洲古典风情的黄色、橙色、深红色、墨绿色、深蓝色等，整体配色的纯度较高。图案多用复杂、凝重、富丽、精致的卷草纹样，充满古典气息。面料多为较厚实的提花装饰面料，利用面料的质地增加其华丽感。在装饰设计方面，绳带、穗子、流苏是典型的常用装饰物。绣花工艺的装饰效果很强，尤其是徽章、图案等的花纹饱满突出、立体感强，是典型的古典装饰图案。

（三）现代风格

现代风格是与古典风格相对应的风格类型。它强调造型简洁、结构明快，线条清晰流畅，符合现代都市生活的快节奏，突出家用纺织品的功能与实用性。款式设计简约，没有错综复杂的细节刻画，而以简单流畅的外形取胜。色彩上多采用黑色、白色、灰色及一些纯度较低的色彩，形成沉着、冷静而有力的艺术效果，或采用一些鲜艳的、流行的色彩，与室内家具的现代感形成鲜明对比，可以达到意想不到的效果（图1-7，彩图7）。图案多采用随意的点、线、面及不规则或抽象的几何图案，再加上天然的肌理纹样，可达到以少胜多的艺术效果。在面料的选择上，除常见的织物外，皮革、涂层面料由于其光泽感强，因而特别适合于营造现代艺术氛围。

（四）田园风格

田园风格又称自然风格，其家纺产品符合现代人追求返璞归真，崇尚轻松、悠闲、随意的生活特点，营造使人放松、感觉舒适的环境（图1-8，彩图8、彩图9）。根据地域特点和人文风情的不同，田园风格分类很多，可以说每个有着丰富历史文化底蕴的国家都有自己特色的田园文化，而其中，最有代

图1-7 现代风格的整体家纺设计

图1-8　田园风格的卧室空间整体家纺设计

表性的就是美式、欧式、中式、韩式田园风格。田园风格的家纺能营造出一种令人放松舒适的氛围，自然界的动植物常是其表现的主题。图案以条格、小碎花、大的写实植物花卉为主；色彩多为大自然的天然色，素雅、洁净，如白色、米色、浅蓝色、淡黄色、粉红色、绿色使人联想到蓝天、植物、花卉，营造出清新的自然意境。而在款式上，常运用轻盈随意的打褶、富有立体感的绗缝、面料或图案的直接拼接以及简洁精致的滚边来营造亲切质朴、大方得体的装饰风格。

（五）民族风格

民族风格家用纺织品汲取中西方各民族、民俗文化元素，具有浓厚的复古气息和民族风情，通过民族色彩、民族图案、民族装饰体现出不同民族、地域的文化传统。不同的生活习惯、审美情趣和历史文化造就了不同民族的不同风格（彩图10）。如波斯风格、中国风格、日本风格、印度风格等。

所谓新中式风格（图1-9，彩图11），是在中国传统文化复兴的当代背景下，人们对于当前流行家居装饰风格的苍白文化底蕴不足的一种回归。新中式家居风格一方面改变传统家居形式和功能上烦琐、不实用的缺陷；另一方面又极力保持其中式传统的独特韵味，使之更符合当下人们的生活习惯与生活方式。因此，新中式风格家居设计也是顺应了人们的喜好和需求而出现的设计风格。作为室内设计中一种较为经典的传统式样，新中式风格家居的设计元素与现代家居设计元素的完美结合，使现代家居产生了一种新的美学风格，既古典精美，又简约高雅，已经成为一种新的设计理念，是

图1-9　新中式风格的整体家纺设计

艺术与生活浑然一体的表现。新中式风格的家居设计不能只是对传统家居装饰的简单堆砌，应该继承传统中式家居的形神特点，把传统文化深厚的底蕴作为设计元素，去繁除奢，从传统家具、陈设、织物、植物配置，色彩等相关元素运用现代简洁、舒适的设计理念来重新组合，设计既要符合现代人的生活习惯，又要保留中式风格中清雅含蓄、端庄风华的东方文化特点，将东方意境始终贯穿于整个家居空间。

新中式风格在设计过程中是以传统元素符号为基石，结合现代的设计理念与工艺手法，将传统装饰元素的经典之处加以简化、提炼与重构，通过提炼演变成新的设计符号，形成具有创新思想的新形态。以达到以形写意、形神兼备的设计效果。新中式家居设计既能符合现代人的生活习惯和审美要求，又可获得高品位的精神享受，既反映了传统文化的神韵，又具有强烈的时代感。

（六）后现代风格

后现代风格是从绘画艺术的表现主义运动发展而来的，现代风格具有塑造形态的倾向，而后现代风格则具有表达倾向。设计者们主张兼容并蓄，凡能满足当今居住生活所需的都加以采用。这种风格的家用纺织品设计形式，体现在图案表达上的夸张奇特，一方面通过前卫的色彩设计以及带有隐喻意味的个性化历史符号，突出前卫大胆的风格特征；另一方面组合十分复杂，突破完整的立方体、长方体的组合，多呈界限不清的状态，并且运用多种手法来制造空间层次感或含混的空间，形成空间层次的不尽感和深远感。还常将墙布图案等处理成各种角度的波浪状，形成隐喻象征性较强的居室装饰格调（图1-10）。

图1-10　后现代风格卧室

（七）混搭风格

"混搭艺术"风格首先出现在服装界、时尚界，指将本身具有不同风格、不同材质、不同颜色、不同价值的衣装和饰品组合在一起并使之匹配。混搭风格不仅用于服装界、时尚界，而且以不可抵挡的强势力量刮进了建筑设计、室内设计和产品设计领域，影响着人们生活的方方面面（图1-11）。

混搭设计的本质是"珠联璧合"式的融合，而不是"张冠李戴"式的

图1-11　混搭风格

乱搭。如现代风格的织物与田园风格的藤椅搭配，顿时有了休闲感；舒适的西式沙发搭配传统的中式黄花梨茶几，则产生中西结合、相得益彰的美感；欧式厚重的窗帘上，烦琐的花纹样式变成中式的国画图案，立刻有了东方文化神韵，并呈现个性时尚感。作为一种设计风格和理念，混搭是一种逆向思维，是利用突破常规、出奇制胜的方式创造新的形式美感，是设计创新的有效途径。其次，混搭理念利于实现设计的个性化和情感化。再次，混搭理念利于促成设计的多元化。

四、整体家纺的设计方法

不论是整体家纺还是单品家纺，其设计构成元素都是由款式、色彩、图案、材料要素构成，只是整体家纺设计中，不仅要艺术化、科学化地合理配置各要素，其设计过程更为看重各要素之间相互穿插结合的关系，这种关系不仅表现在每一件单品上，同时也表现在组成整体家纺的各组成单品之间，对于整体家纺来说，从宏观的角度进行款式、色彩、图案和材料的优化配置更是设计的重点。

（一）色彩设计方法

家纺产品丰富的色彩是调节人们心理情绪的重要因素，它能够直接影响室内环境的风格，给人带来不同的心理感受，整体家纺色彩设计可以借助色彩将各家纺单品有机地联系起来。整体家纺的色彩设计方法很多，可以是相同图案采用不同色相、纯度加以表现，不同图案采用相同色相、纯度加以表现，同一色调的搭配表现，对比色彩的冲撞表现等。居室内的色彩不宜过于繁重，应在大的色调基础上进行变化与搭配，获得统一而有变化的装饰效果。

在表达人的情感、意念特性并与生活息息相关的室内家纺产品的设计中，色彩几乎可以充当其"灵魂"角色。因此，在进行整体家纺设计时，色彩设计是不可忽视的重要因素之一，其设计方法概括如下。

1. 色彩基调设计

在设计居室纺织品色彩环境时，人们常强调色彩的和谐性，因为和谐的色彩不仅能给居室环境带来秩序感、整体感，同时还能营造出气氛和情调。在日常生活环境中，同一空间内的物体多，且造型往往丰富多变，较难统一，若能将它们统一在一个明确的色彩基调中，则可获得较好的谐调性，如图 1-12 所示。

2. 主导色设计

一定的空间环境中，针对多件家纺产品，为追求整体效果的和谐统一，又不至于太单调，可选择某一个占据主要空间位置的产品作为主导色，然后再从这一主导产品的色彩出发，按照"求大同、存小异"的原则，保持色相不变。对于一些大面积的装饰，可使用其他纺织品进行明度和纯度变化的调节，而小件纺织装饰品则可选用同类色或对比色，以起到对主色调的辅助和丰富作用。图 1-13 以浅蓝色为主导色彩，搭配了少量的无彩色深灰、白色以及补色黄色，展示出和谐统一的美感。

图 1-12　相同色彩基调的配套设计

图 1-13　以某一色彩为基础的配套设计

3. 色彩对比设计

室内环境中色彩的统一与色彩的对比缺一不可，缺乏色彩对比的统一往往显得过于朴素、沉闷。在统一色调的大面积家用纺织品中，穿插小件对比色纺织物，可起到活泼室内氛围的作用。若室内纺织品的纹样和造型等比较简洁、单一，各物品色彩可选择对比性较大的，以改善室内的单调、简单感。图 1-14（彩图 12）选取蓝色、米黄色的对比色为主色调，通过完美的搭配组合，给人明朗轻快的感觉。

图 1-14　家纺设计中的以对比色为基础的配套设计

4."定色变调"设计

在各配件用色都相同的前提下，在花型和面积上可做适当改变。如粉橙、白、葱绿三种色彩组合设计，窗帘以白为底，图案葱绿多些，沙发、靠垫以粉橙为主，床帐以白色为主，虽然花型不同，但由于色彩你中有我、我中有你，同样会产生整体配套之感。如图 1-15（彩图 13）所示，为了使家居空间充满生机的愉悦感，选用明快的色彩迎合整体效果，营造清新、纯净、浪漫的氛围。

图 1-15　"定色变调"的整体设计

（二）图案设计方法

整体家纺的图案设计是指借助各种大小、形状、风格的图案搭配形成各家纺单品间的有机联系，一般是运用同一图案的大小、深浅、粗细、形态、构图的不同变化，产生一定的秩序，实现变化中的统一，形成强烈的视觉效果。

室内家纺用品设计中常用植物、动物、几何图形等图案，其中植物纹样还有大花、小花、具象花和抽象花之分。在不同的家纺用品上运用相同的花型纹样，可以起到互相呼应，相互谐调的作用。而将同一花型进行大小、深浅、粗细、形态或结构的不同变化后，再应用于不同的家纺用品，可以实现变化中的统一。

1.母题重复设计

母题重复设计就是将同一基本纹样用于各种不同的对象，采用不同的排列手法进行设计。图1-16运用母题重复的手法，以橙粉的主调、基本几何造型的款式，同一纹样在墙布上用四方连续、窗帘上用二方连续、沙发铺上用单独纹样表现，家纺产品与墙面色调、深色中式家具、现代风格灯具的谐调搭配，最终获得了丰富而统一的新中式风格的视觉效果。

图1-16　母题重复的整体设计

2.基本图形的组合设计

基本图形的组合设计即将相同的基本纹样进行不同组合来进行配套设计。图1-17（彩图14）将基本纹样大小、位置、布局进行适当变化后，运用于不同的单体，使各单体的纹样产生连续渐变、起伏交错的各种韵律，构成变化又不失统一的效应，产生

图 1-17　图形组合的整体设计

谐调一致的配套感。

3. 正负形搭配设计

在进行家纺产品整体设计时，若为达到统一谐调感而将单一纹样简单地重复使用，则会因缺少变化而显得呆板，容易使人产生厌倦感。因此，在追求图案谐调统一的同时，还应考虑到图案的趣味性。图 1-18 利用相同纹样正负形的方法进行搭配设计，这是令一定空间内的家纺产品达到变化统一效果的最简便的方法之一，同时也可使产品

图 1-18　正负形的整体设计

富于变化而又不显得杂乱无章。

4.同一题材的变化设计

题材在纺织品配套设计中也起着重要的作用，相同的纹样题材，尽管有时纹样的构图方式和制作手法有所不同，但由于题材本身的独特性及单元体设计的一致性，它们之间形成的总体效果却十分谐调。图1-19选用典雅花卉为主纹样，并对纹样结构进行不同的组合搭配，展现统一形式美。

5."定型变调"设计

"定型变调"设计即在花型相同的前提下，将色彩进行适当的调整。如在明度、纯度相同的情况下，变化色相改变色调；或是纯度、色相都变化，完全改变成另外一种色调，如图1-20所示。

（三）款式设计方法

家纺产品的款式是指最终的线条与造型，是将产品依据特定的功能与装饰要求而进行设计的一种外观形态的空间构成。整体家纺的款式设计原则为"求同存异"。求同，是指款式设计时将某种款式特色作为不同功能家纺产品之间的关联要素，重复使用并成为引人注目的设计内容，一般体现在样式、拼接方法、边缘、下摆处理及缝制工艺等方面；存异，是指产品款式如同人的服装款式一样，因人、因材质、因环境、因时代不同而不同。图1-21为利用相同款式制作工艺来进行的整体设计。

图1-19　同一题材的变化设计

图1-20　"定型变调"的整体设计

图 1-21　款式统一的配套设计

（四）材料设计方法

整体家纺的材料设计需要综合考虑整体风格，所包含产品的种类、使用功能等方面。对于家纺产品来说，面料既是图案、色彩、款式的载体，又是形成产品必要的物质材料，面料设计对最终的整体设计效果、使用效果的影响至关重要，包括对面料的织造原料、织造方法、工艺、性能特点（薄厚、耐用性、悬垂性、挺括性、手感等）、质感风格、二次造型等进行综合性考虑，尤其要结合具体的使用功能加以选择。

因产品的功能各异，一定空间内的整体家纺，其面料设计首先表现为不同材质的混搭设计，理由之一在于满足不同产品的使用功能，理由之二在于获得良好的层次感，而设计的整体效果则通过色彩、图案、款式的呼应来实现。第二，可以选用材质相同的面料来进行整体设计，这样易于获得和谐统一的整体效果，而层次感的把握则通过色彩、图案、款式的变化来获得。也可以选择色彩、材质完全相同的面料来进行整体设计，优点在于易获得流畅、大气之感，缺点在于易产生呆板、无趣的效果。如

图 1-22 所示的设计，利用了面料的二次造型，使同一面料在不同产品上表现出平顺、流畅的大气之感，凹凸、细节、品质的精致感，使整体设计的意趣、韵味陡增，能够很好地吸引视线，进而获得良好的视觉层次感。

除主面料外，还应选择必需的辅料，如拉链、填充棉、装饰花边以及绳、穗等内容。整体设计中，辅料在选择时要与面料保持色彩、风格的谐调。

五、整体家纺的设计程序

图 1-22　相同材质的整体家纺设计

（一）接受任务与资料收集

整体家纺设计是艺术与功能相结合的设计。设计程序一般是先接受任务或有一个设计思想，然后收集信息资料，进行市场调研，以便掌握与设计任务相关联的第一手资料，如设计现状、市场需求、文化内涵挖掘、流行趋势等。

（二）确定设计目标

任何一个任务在实施之前都必须要确定目标，这样才能使所有的工作都指向同一个方向，家纺产品的整体设计也是如此。在设计目标中，一般包括整体风格的确立以及设计内容等方面。

1. 风格确立

设计展开总是从确立整体风格开始的，在整个设计制作过程中，也必须紧紧追随着最初所建立的风格而展开，这样才能有效地表现设计本身。风格设计首先要考虑家纺产品与居室的硬装风格、其他软装饰的风格相搭配，要大家在一个和谐的空间环境中，相辅相成，最终形成所追求的居室风格环境。大多数情况下，是整体家纺风格与居室风格一致，都属于类似的风格流派，也存在整体家纺风格与硬装风格形成对比，最终成为混搭风格的居室空间。

2. 设计内容确定

一定空间内的整体家纺由哪些单品构成，需要根据空间的使用目的、使用需求、空间配置等因素来确定，如卧室空间的床品、窗帘、地垫系列，客厅空间的靠垫、布艺沙发罩、窗帘、地毯系列等。上述都是典型的家纺产品，是提到居室空间就一定会想到的产品。在今天的整体家纺产品设计中，仅仅这样还远远不够，要在设计中关注使用者的生理、心理需求，注重细节，这个细节是品类的细节，要使一定空间内家纺产品的品类多样、丰富，除了上述提到的常规典型家纺，还要考虑一定空间能够搭配的其他产品，如卧室空间的布艺装饰，包括挂袋、纸巾盒、装饰布偶、布艺花瓶等，注重生活情趣与品位的体现。

（三）根据设计风格选择图案、色彩、面料材质

风格是设计的灵魂，也是设计所要追求的艺术样式。掌握各种风格以及与其相对应的图案、色彩、面料材质、款式等，才能在设计应用中对特定风格进行准确的表现。一般来说，在整体家纺设计的实际项目中，在确定了风格之后，就要针对风格要求进行图案、色彩和面料材质的设计与搭配应用。

1. 主题图案设计

主题图案是整体家纺设计中反复出现的、以各种形式、比例、繁复表达出来的、契合设计主题的相关图形设计。对于整体家纺设计来说，为了更好地表现设计主题，往往会进行主题图案设计，它作为整体设计的视觉中心，可以是单独纹样，也可以二方连续、四方连续纹样的形式表现；可以同时在不同的品类中将主题图案分别以单独、二方连续、四方连续的形式做变化；也可以与主题图案相辅相成的其他纹样相配合。

2. 色彩与面料材质设计

远看颜色近看花，色彩对于室内家纺产品的重要性不言而喻，对于整体家纺来说，要有一个整体色调，最大面积的色彩决定你的整体设计的色彩基调，在此基础上，或相近，或相邻，或对比，或互补等形式搭配，呈现生动的视觉风貌。同时，同样色相而材质不同，所呈现出来的色彩表情也非常不同，所以在色彩设计时，往往要同时考虑面料的材质。

（四）根据设计风格进行款式设计与设计表现

整体家纺的款式设计首先应满足实际使用功能的要求，在此基础上，可根据具体的风格进行艺术化和个性化的设计表现。不同风格的家纺产品在款式方面有很大的区别，因此，要在充分理解风格样式的基础上，进行整体设计框架内各单品艺术化的演绎。同时款式设计，需要配有设计手稿、设计说明，需要绘制款式设计图和应用效果图，通过这些图形，最直观地表达设计思想，为后续工作提供直观的印象和数据。

款式设计是整体家纺开始从整体设计向单品设计过渡，在款式设计时，虽然是单品设计，但是始终要有整体的理念贯穿其中，首先是视角整体，将整体家纺使用的空间作为家纺产品演出的舞台，其中有主角、配角的表演，要确定哪个单品作为主角呈现，哪个单品作为配角呈现，作为主角的单品要具有更为强烈的视觉焦点，于是其色彩、图案、款式细节、工艺细节等考虑都要为突出的视觉效果而造势，配角的单品则要低调而简洁，与主角在色调、图案、款式细节等方法相搭配，又要能够突出主角单品，注重局部细节的匠心独运，虽不是最抢眼的单品，却可能是最被喜欢的单品。

在款式设计中，其实要同时考虑诸多因素的配置，如款式与工艺的契合度，经济性，工艺表现与产品市场价格定位的关系，单品款式设计中对于功能的保证与优化，对于产品使用性的优化配置，每一个单品如何表现主题形象，如何是主题形象与其他纹样在整体家纺产品设计中，在每一个单品的设计中呈现出水乳交融的一体化视觉效果。

款式设计中的主题图案。包括主题图案如何表达，是平面表达还是立体表达，抑或整体平面局部立体的融合表达，当二维表达时，采用何种装饰工艺，是印花、贴布、还是刺绣、手绘，还是多种工艺相结合表现，这些工艺同时又与舒适性、使用性相关，而舒适性、使用性又与面料材质相关。也就是说，款式设计是整体家纺设计中从整体向个体过度的过程，在这个设计中，既要有整体设计的理念，同时又要注重每个单品个体的特点与品质。

（五）成品工艺

家纺产品的成品工艺是指根据设计图所表现的造型特征和效果，通过结构设计、缝制工艺使设计结果实物化的过程。这个过程首先要确定产品规格尺寸，研究立体形态与平面结构之间的转化原理与操作原则，将设计好的平面结构制作成样板，根据样板裁剪面料，之后完成实物的成品缝制。

（六）整体家纺中的布艺小品设计

整体家纺设计中，讲究品质、注重感受可以通过品类多样化的家居布艺小品来实现，如布艺玩偶、布艺花瓶、纸巾盒套、挂袋等。以布艺玩偶为例，在今天，布艺玩偶已经成为现代人非常喜爱的玩具，在家居空间中，不只是儿童房、婴儿房，就是在成人卧室等空间中，人们也会用布艺玩偶来调节空间的氛围与情调，目前市场现状是，布艺玩偶一般会被当作单独的文化小品、玩具来售卖，而不见整体家纺设计中，专门针对整体家纺而设计的配套布艺玩偶。消费者只能根据自己的喜好、审美、理解自己为空间来选配。如果在整体家纺设计中，不仅只考虑典型产品，同时加入注重设计、感受，与整体家纺配套的布艺玩偶，自然大大提升了整体、家居的趣味性与情调，尤其是一些有文化语义的布偶设计，如昆曲人偶，则在表达情调、情感的同时，更提升了整体家纺的文化内涵。而且，昆曲人偶的设计可以对功能拓展，与现代电子声效芯片等技术结合，为受众提供视觉、听觉、触觉等多重感受，进而提升产品的互动性，使受众产生丰富的心理情感。

我国目前的市场，从设计层面就非常不重视布艺搭配小品的设计，设计师关注的最多的是床品四件套、六件套等床品套件的设计。在专卖店，为了营造视觉效果，产品专柜往往是选择市场上现有的软装配饰来进行简单的搭配，笔者在专卖店，就多次见到消费者对于搭配小品的兴致大大多于主产品，这也侧面反映出主产品与搭配小品之间的关联度不足，而这正是在设计中没有进行整体家纺全方位设计的过失所在。

未来的设计，对人的生理、心理关注越来越极致，开发布艺小品的品类、优化布艺小品设计将是未来家纺品牌在市场上竞争的一块领地。

六、整体家纺的设计表现

整体家纺的设计构思需要用设计图表现出来，表现方式包括效果图、平面款式图以及相关的文字说明。

　　效果图用于准确地表现整体设计构思的效果、产品的轮廓造型、面料的肌理质感、色彩与图案的装饰效果。平面款式图用于准确表达产品的平面形态，包括各部位的比例、结构线、复杂结构或细节设计的放大明示，要求各个部位的形状、比例必须符合产品的规格，如图 1-23 所示。而对于有些不能用图形表达的内容，如设计意图、灵感来源、设计重点、工艺制作要求及面料、辅料的要求等可用文字进行清晰地说明。设计说明要注意图文结合，全面而准确地表达出设计构思。

图 1-23　整体家纺的平面款式图

　　整体家纺效果图表现时，会同时表现家纺所服务的室内空间以及空间内其他的软装，对于这部分内容，可以用单色勾线的表达方式，以区别于彩色的家纺产品，从而能够突出主题，更好地展示整体家纺的设计效果，如图1-24（彩图15）所示。

图1-24　整体家纺的效果图

第二章

典型家居空间中
家纺产品的整体设计

第一节　客厅空间中私人定制的整体家纺设计

　　客厅作为家庭生活区域之一，是全家活动、娱乐、休闲、团聚的场所，又是接待客人、对外联系交往的社交空间。可以说，客厅是住宅的中心空间与家庭对外的窗口，是家庭形象的代言者，而客厅中的家用纺织品，作为客厅空间"软装饰"的重要组成部分，它的设计是室内软装设计的重点。可以说，与客厅空间环境相谐调的，相互间具有内在联系的整体家纺，能够创造出统一、和谐、有美感的生活环境，对内能够提升家居环境的亲和力，对外能够展现主人的意趣、修养，提升整个家庭的外在形象。也正因如此，日趋成熟的消费者越来越重视客厅空间中家纺产品的整体设计效果。

　　整体设计就是对客厅空间内所使用家纺产品进行统一的考量，使不同功能用途的家纺产品在风格、材料、色彩、图案、款式、工艺等方面相互呼应、联系并有序组合，形成特定而风格一致的整体。同时，家纺产品还要与客厅家装环境、与客厅其他软装饰相谐调，成为家居整体装饰的有机组成部分。

一、私人定制正当时

　　随着生活水平的整体提高，社会观念的不断冲击与更新，追求个性的消费群体数量在不断增长。对个性化要求的与日俱增，使得尝试私人定制服务的人越来越多，特别是"80后"，他们不再盲目追随潮流，而是更加讲究自身消费的个性化，上至大件家具，下至小件家饰，他们都希望能够根据自己的喜好、生活习惯来量身定做。在这种风潮下，家居定制市场在我国风生水起，许多提供定制服务的装饰公司、家具公司如雨后春笋般出现在市场上，家居定制产业正在散发着无穷的活力与商机。

　　在整个家居空间中，纺织品装饰，因其保暖、遮光、防尘的功能，更因其柔软可塑的质地，多变的形态，丰富的款式与花色，对空间自由的分割能力，较其他家居用品更能被接受的价格，成为整个家居定制极为重要的组成部分。

　　可是，目前我国家居定制（包括纺织品定制）市场的问题颇多，最为普遍的就是定制成品与消费者个性化要求不符的矛盾。这说明，我国的家居定制服务还很不成熟，设计层面的不足尤为凸显，因此，对家居定制设计的研究、实践是非常必要的。以下就以客厅空间的整体家纺设计为例来展开研究与探讨。

二、客厅空间私人定制的整体家纺设计

（一）项目要求

定制项目来源于艺尊（苏州）软装工作室，设计客户为"山水印象"住宅小区白领公寓的住户，设计任务是为住户提供客厅空间家纺产品的定制服务。该项目的家居硬装已经完成，家具和部分软装陈设（主要是沙发和地毯）也由用户自行确定，项目的具体任务是为该用户客厅空间量身定制与客厅环境相谐调的家纺产品，主要包括窗帘、系列的沙发靠垫以及个性化的装饰布艺吉祥物。

（二）用户分析

1. 使用对象分析

设计之初，对产品的使用对象进行深入细致的了解至关重要，主要包括对性别、年龄、职业、社会地位、经济状态、文化背景、审美趣味、生活习惯等因素的了解与分析。本案例用户为年龄在 30 岁左右的单身女性，职业为服装设计专业的大学教师；喜欢艺术范儿、时尚感强的装饰风格；注重产品的品质、审美；对于客厅装饰风格，用户首先希望简洁明了，也希望带有一定的民族范儿、美式自然风，特别提出了希望设计带有一定的吉祥隐喻；交流过程中，用户明确表现出对动物造型的倾向性，尤其是对象和猫两种形象的喜爱。

2. 使用时间和空间分析

家纺产品的设计与使用时间、空间关系密切。从时间来看，季节交替对色调、材质影响较大，一般暖调、浓重色调用于秋、冬季，以营造温暖的居室氛围，冷调、清新色调用于夏季，以营造凉爽的视觉环境；同样材质的面料在不同的季节会带来不同的使用感受，如绒毛感材料，在冬季会使人感觉温暖、体贴，在夏季则会使人感觉刺痒、烦躁。而从空间来看，家纺产品首先要与使用空间功能相一致，明确是为何种空间而设计，其次要与此空间的硬装以及家具陈设等结合为和谐的整体，充分发挥其在

室内空间中的"软"作用。

本案例客厅已完成家装，如图 2-1 所示。

本案例用户没有提出明确的使用时间要求，这意味着家纺产品在色调、材质等方面应尽可能通用性良好，能够适合四季使用。房屋客厅使用面积 10m²，形状为狭长的长方形，采光效果一般；主人在空间设计上将客厅与书房进行了整合，营造出开放

图 2-1　本案例客厅完成的家装效果

式书房和客厅的效果，希望设计中能够综合考虑这两部分空间的功能；空间中的主要家具——沙发具有非常典型的美式乡村风格，已完成的墙壁、书柜、沙发等家装都为本白色，这样室内整体色调比较统一，自然也会略显单调；实木地板与沙发前充当茶几的实木复古箱都为原木本色。

3. 使用目的分析

使用目的分析是要思考用户为什么需要这样的产品，要有针对性地研究与确立用户使用家纺产品的目的。如市场上婚庆床品的主要消费人群是新婚夫妇，则营造吉祥喜庆的氛围即是该类消费的主要目的。

本案例在空间设计上将客厅与书房进行了整合，在生活中，用户需要这部分空间承担会客、聚谈、看电视、听音乐、读写以及学习、研究、工作等多项任务，并且，用户对客厅的整体家居氛围有较高的情感诉求，要求在满足使用舒适、功能合理的前提下，更能营造出大气、文艺、时尚、吉祥的氛围。

（三）设计定位

1. 设计风格定位

家纺产品的设计风格是产品的外观样式与精神内涵相结合的总体表现，是产品所能够传达的内涵与感受，其风格多种多样，主要有中式古典风格、欧式古典风格、田

园风格（自然风格）、现代风格、民族风格、后现代风格等。在确定整体家纺的设计风格时，既要根据家居空间的装饰风格、装饰主题而联想延伸，又要综合考虑用户的生活习惯、喜好特点、行为方式等。

本案例用户年轻、时尚、有艺术气息，喜欢有一定装饰性的家居环境，也喜欢简约、大气的现代感，因此，单一的风格情调已很难满足其需求，结合用户分析中已获得的基本信息，最终将客厅空间的整体家纺风格确定为融现代、民族、欧美风于一体的多元混搭风格。从字面上理解，混搭是把看似迥然相异的东西合在一起并使之"匹配"，而现代、民族、欧美风于一体的多元混搭，意在强调家纺产品的造型简洁、结构明快、线条流畅以及艺术与功能的高度融合；强调诸如色彩、图案、工艺等民族元素的融入；强调舒适、自在、环保、原色的呈现，并由此折射用户多元的生活方式和生活态度。

2. 设计构思展开

结合本案空间的自然条件与设计风格，考虑产品造型以简约、大方为主，产品色调选择明快、纯净的类型，对多元混搭风格的表现，主要通过面料材质肌理的对比，装饰图案的呼应，拼接、嵌线等传统工艺的使用，以及上述设计元素相互之间的细节搭配来完成。立足于客户对"象"的喜爱与寓意认可，确定"象"为贯穿设计的主题形象，考虑通过它将客户的时尚追求与吉祥诉求完美结合。

3. 设计内容确定

最终设计内容与用户达成一致，确定为双层窗帘：外层纱帘，内层遮光帘；系列沙发靠垫（6～8个）；大型个性装饰布偶——布艺象。

（四）设计展开

1. 面料设计

基于风格统一的角度，整体家纺的面料选择必然存在你中有我、我中有你的特点，即便如此，在面料设计时也一定要首先考虑产品的功能性和使用性。包括客厅窗帘的遮光性、悬垂性、易打理性，靠垫与人的亲近性、舒适性，面料拼接时的色牢度要求等，并在此基础上，结合客厅空间的结构特点，多元混搭风的营造，房屋主人年轻、时尚且具有艺术范儿的特质以及可接受的成本，最终，将客厅的遮光帘材质确定为亚光色泽、质地紧致、厚度适中，并具有良好悬垂性和结构肌理感的小提花涤麻面料；纱帘面料确定为通透性良好的雪尼尔纱面料；靠垫、装饰布偶材质确定为肌理与窗帘面料肌理相类似，而触感更为舒适的天然麻质面料，同时，还会选择一些基调为相似色或撞色的涤棉类面料（染色牢度高，水洗后不易褪色）来进行搭配和装饰。

结合小户型客厅面积偏小、层高偏低的房屋结构，契合客户不喜欢复杂图案的特点，在面料图案选择时，主、辅面料选择表面肌理感良好的单色图案，配料选择当下轮回流行的竖条纹、大波点等经典图案，如图 2-2 所示，通过单色与花型面料的变奏，形成整体设计的秩序感，从图案搭配视角来完成多元混搭风格的构建。

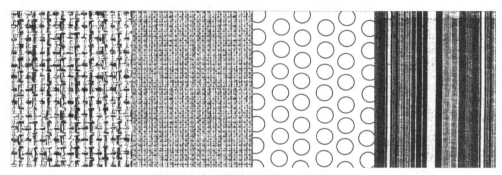

图 2-2　客厅整体家纺的面料图案设计

2. 色彩设计

客厅的墙壁、书柜、沙发套等家装都选择了本白色，整体色调比较单一，所以在家纺色彩设计时，应将主色调确定为能够"点亮"空间的有彩色。根据客户对素雅色彩的偏爱，根据当前纺织服装的色彩流行趋势，最终，主色调选择了含有一定灰度成分的蓝灰色，这种颜色明快而时尚，与白色搭配能够产生清朗舒爽的视觉效果，尤其能够适度改善空间狭小而引起的局促感。此外，与空间整体基调相呼应，在家纺色彩系列中加入本白，作为搭配主色——蓝灰的辅色，加入谐调色蓝绿、互补色橙红、橘色等作为配色，用以增强整体家纺的色调丰富感与视觉冲击力，共同营造客厅空间中现代、时尚，又具有一定浓墨重彩的民族味的家居氛围。面料最终定案如图 2-3（彩图 16）所示。

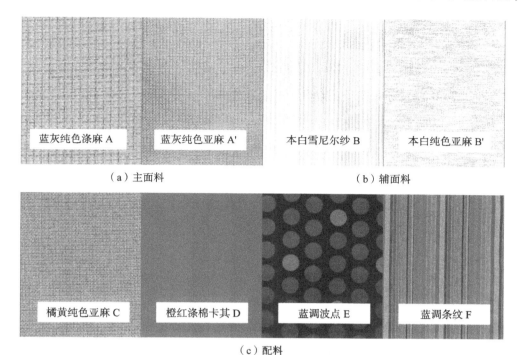

（a）主面料　　　　　　　　　　　　　（b）辅面料

蓝灰纯色涤麻 A　　蓝灰纯色亚麻 A'　　本白雪尼尔纱 B　　本白纯色亚麻 B'

橘黄纯色亚麻 C　　橙红涤棉卡其 D　　蓝调波点 E　　蓝调条纹 F

（c）配料

图 2-3　客厅家纺面料定案

3.装饰图案设计

装饰图案的设计重点在于主题形象——象的设计。古人云："太平有象"，"象"与"祥"发音相近，在中国传统文化中象征吉祥如意。如何能够将象的寓意与用户的时尚诉求在主题形象上更好地融合？结合用户年轻、时尚、艺术的特质，设计师对实际的"象"形象进行适度的变形夸张，获得了体态圆润、造型简约、具有卡通感与趣味性的站姿"象"造型；结合布艺材质的特点，设计师对"象"造型进行了符合形式美法则的结构分割，使其具有契合当代年轻人审美诉求的装饰性与稚拙感，最终，现代卡通形象很好地完成了对吉祥寓意的诠释。"象"形象图案设计草图如图2-4所示。

图 2-4　卡通象装饰图案设计

4.款式设计

款式设计是客厅整体家纺设计从整体到个体的过渡，是结合前期已定案的面料材质和图案、色彩、装饰等设计元素进行单件家纺的形态、线条、细节和呈现方式设计，使各元素依托款式载体完美调和，使客厅空间的不同家纺产品呈现出一致的外在风貌，最终营造出大气、文艺、时尚、吉祥的家居氛围。客厅整体家纺产品设计效果如图 2-5（彩图 15）所示。

图 2-5　客厅整体家纺设计效果图

款式设计的亮点之一，在于二维装饰图案与三维立体形象在靠垫与大型布偶之间的趣味呼应。整体家纺的四对靠垫中，最具装饰性的是长方形白底贴布款式，在靠垫正面采用了拼接、贴布工艺，而拼贴的图案则正是装饰布偶象的侧面图形（图 2-6，彩图 17）。在这里，靠垫与装饰布偶以有趣的形式产生了呼应。尤其值得一提的

图 2-6　整体家纺设计的装饰布偶

是，装饰布偶的体态圆润、造型简约，拥有 1m 长、70cm 高、50cm 宽的外形规格，站立在客厅空间中，不仅是最吸人眼球的家居装饰，更以其稚拙、亲切的形象、柔软、温暖的触感成为房屋主人亲密的伙伴和朋友。

款式设计的亮点之二，在于现代图形的传统工艺演绎。在整体家纺设计中，出现了卡通象装饰图案，出现了现代时尚的几何条纹，对于这些图形的表现，设计师没有采用常规的印花面料，而是结合拼布、贴布、线迹刺绣、嵌线、立体花等传统工艺，采用民族味浓重的明丽色彩，通过面料之间的材质、色彩、面积对比，通过不同面料排列规律的变化设计，使现代图形呈现出重工、装饰、精致的韵味，同时又拥有悦动、活泼的现代视觉特征，圆满完成了多元混搭风的演绎。

5. 工艺设计

好的设计要符合科学生产规律，与产品工艺良好契合，并创造可观的经济利益。以客厅整体家纺的贴布象靠垫（图 2-7，彩图 18）为例，靠垫面上的装饰图案是通过曲线的块面结构分割，通过拼布、贴布、线迹绣工艺来表现的，按照传统方法，此处将涉及大量的手工贴缝，工艺成本过高，因此，进行了工艺改良，通过裁片粘衬—机缝拼接—整象工艺板扣烫—透明缝纫线机辑边沿—仿手工花式线迹机辑边沿的工艺

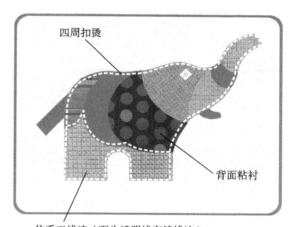

图 2-7　贴布象靠垫工艺

优化，使手工贴缝转化为机缝工艺，有效地降低了生产成本，提高了劳动生产率。

客厅空间中私人定制的整体家纺设计，首先要以用户为中心，通过对使用对象、时间、空间、目的等因素的分析研究，为用户"量身定制"适合的设计风格与方向，并在此基础上，在整体家纺设计理念的指导下，综合考量用户需求、空间特点、材质、色彩、图案、装饰、款式、工艺等设计元素，为用户定制具有优异的功能性、方便的使用性、宜人的审美性、合理的工艺性的家纺产品。尤为重要的是，定制整体要呈现

出一致的外在风貌，定制单品要呈现出人性化的设计细节，使用户在使用时身心愉悦，真正享受到私人专属的设计关怀。本次设计实践最终为用户营造了融现代、民族、欧美风于一体的多元混搭的客厅空间（图2-8，彩图19）。

图2-8　客厅空间中整体家纺实物效果图

第二节　基于"主题性概念"的卧室空间整体家纺设计

时代的发展，人们对生活情趣、品质的日益注重，使得当下的设计越来越注重情感化的表达，并由此促进了"主题性概念"设计的产生、发展和流行。

主题性概念设计是具有一定导向性内容的设计，是运用与完善设计概念的设计过程，是以物化的手法将抽象的导向性概念加以形象诠释的思维过程。它最早始于城市、景观、建筑设计领域，并逐步拓展，时至今日，在产品、视觉传达、家居装饰等设计领域的应用也越来越广泛，尤其是在家纺产品设计领域，每年、每个季度都会由国际流行色权威机构，根据调研预测的面料、花型、服装、家居装饰等方面的流行趋势，拟订若干方向的主题性设计概念，并使之成为当年、当季纺织行业设计趋势的风向标。也就是说，在今天现代文化交流与国际贸易平台的整合中，主题性概念设计是每位家纺设计师必然要面对的课题，而具备综合的主题性概念设计能力，则是每位设计师应有的专业素养。

一、"主题性概念"的整体家纺

整体家纺是指在一定居室空间内，不同功能用途的家纺产品在风格、材料、色彩、图案、款式、工艺等方面所表现的个体之间相互呼应、联系与有序组合的整合性，主题性概念设计反映在其中，就是要依据一定的导向性概念，进行室内空间所使用的家纺产品整体风格的确立与细化、设计元素表现，理顺元素与风格的关系，使之形成文化与风格、结构与材质、色彩与图案等方面合理搭配的系统概念，并以物化的手法将导向性概念加以整体形象诠释的过程。主题性概念下的整体家纺设计，能够更好地满足人们对家居文化、家居氛围的需求，注重产品的艺术美与情感化，强调整体家纺所能带来的或经典，或时尚，或个性，或温馨浪漫，或返璞归真的情感体验。

二、基于"主题性概念"的卧室空间整体家纺设计

卧室是家庭中非常私密的场所，是家庭成员主要的休息空间。对于忙碌了一天的人们来说，一个温馨、舒适的卧室就代表着一定的生活品质，而这个品质的保证是建立在卧室家纺所营造的格调、氛围之上的。主题性概念设计是非常有效的氛围营造方法，对于卧室空间来说，是在一定的主题下，对空间所使用的软装，特别是布艺软装（家纺产品），包括窗帘、床上用品（套件）、抱枕、地垫或地毯、帷幔、桌幔、各种家具、家电蒙罩等进行整体设计。以下就以"国际家用纺织品创意设计大赛"的项目为例，来探讨基于主题性概念的整体家纺设计过程与方法。

（一）主题性概念的解析

"国际家用纺织品创意设计大赛"的主题性概念为"上善若水"，大赛的宗旨是从传统纺织文化出发，去探寻自然、环保、人文的设计。随着自然环境、资源的不断被

破坏、浪费，人们对环保问题的思考越来越多，追求绿色、自然、生态已成共识。《道德经》有云："上善若水，泽被万物而不争名利。"意即"人类最美好的品行、最高境界的善行就像水的品性一样，泽被万物而不争名利"。这样的主题，可以使人想到水的随遇而安、透明洁净、博大精深、对万物的给予与滋养……而这确又折射出水的自然、人文属性。

（二）设计思维的扩展

进一步，由"水"发散，经自由联想而至"海""海洋""海洋中的生物"，以更好地契合大赛"自然"的设计理念；由水的透明洁净，考虑使用纯净、单纯的色调，以更好地契合大赛的"环保"设计理念；从水到海洋，到宽广与包容、自由与深沉，到海洋生物在海洋中的存在与生活，到蕴含着巨大能量，以及给予地球的物质资源，都充分契合了主题性概念中水的"善"行，并更好地契合大赛的"人文"设计理念。

（三）设计定位

1. 设计内容

考虑大赛对设计市场价值的偏重，国内市场的需求空间，以及大赛赞助商的产品方向，选定了卧室作为承载主题性概念设计的家居空间，并由此拟定了包含被套、床单、枕套、抱枕、窗帘、地毯品类的整体家纺组成。

2. 风格定位与主题氛围营造

哪种风格能够更好地表达主题，适合主题氛围的营造？在风格确立时首先应考虑整体家纺各组成部分的功能与装饰的合理性，然后是卧室空间内主题性概念的表现。将设计概念表现与空间合理的安排相结合，找到最佳的表达形式。本案最终将整体家纺确立为简约、流畅的现代风格，选择以水墨技法来表达设计的主题图案，并结合卧室空间特点，以一定视觉规律呈现在整体设计中，这既是契合大赛自然、环保、人文的设计理念，更是尊重主题性概念"上善若水"的写意性哲思；意在通过卧室空间的整体家纺设计来营造主题氛围的环境感受。

（四）抽象概念的形象化

由抽象的主题概念联想到能够表达该概念的关联造型，从中抽取共性特征，形成可以营造特定主题概念的基本型。由"上善若水"的主题概念，可以联想到海、海洋、海洋生物以及海螺、海星、海贝等造型；联想到海的湛蓝与水的纯净白；联想到水的流动、水波弯曲而优美的线条，联想到水墨技法对型、线的写意表现，可以将这些元素灵活搭配、打散重组运用到整体家纺不同的单品装饰上，进而丰富主题概念的整体表现。

（五）设计展开

设计展开是在理解与掌握主题性概念设计的基础上丰富联想，衍化延伸与主题相符的可视性图形、色彩、面料、款式，并力求设计的系列化、多样化和整体化。

1. 图案设计

主题性概念设计的图形需要能够充分表达主题内涵，设计思维的展开建立在前期抽象概念的形象化之后，充分利用发散思维导图（图2-9），获得更为丰富、更加明确的主题概念关联图形。

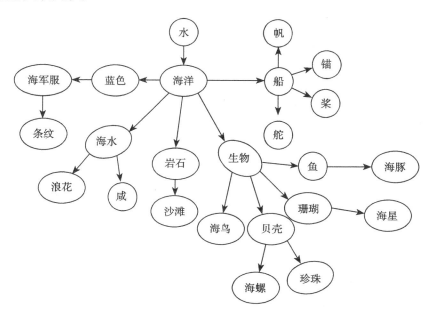

图2-9　图案设计思维导图

图2-9为本案图案设计的发散思维导图，是以"主题性概念"词汇为中心点进行自由、无目的性的联想，并将每次联想的结果进行记录，形成类似思维网络的图示图形，这种以图示记录思维过程的方法所获得的图形称为思维导图，它能有效地帮助设

计师找到事物或概念之间的内在联系，如本案例中的看似不相关的设计元素"条纹"与"海螺"，即是通过这样的思维发散联想而获得的。

最终，本案例确定了贝壳、海螺、珊瑚、海星等海洋生物的具象造型为图案设计的主要素材。为了综合整体视觉效果，获得更好的现代感，确定了条纹造型为图案设计的辅助素材，取其简约、条理性。确定了水墨手绘风格的图案表现技法，取其自然、人文的属性与"上善若水"的写意性哲思。花型设计定稿如图 2-10 所示。

主题性概念设计的图形需要经排列布局使之层次丰富，最终形成主题概念的整体效应。本案例的连续纹样采用散点式组合，散点数为 11，循环单元如图 2-11 所示。最终图案花型的四方连续设计定稿如图 2-12 所示。

2. 色彩设计

现代家居设计色彩已成为日益重要的风格要素，色彩本身不仅具有不同的色彩表情，而且具有特定的内涵与主题象征性。主

图 2-10　图案设计定稿

图 2-11　图案花型的循环单元

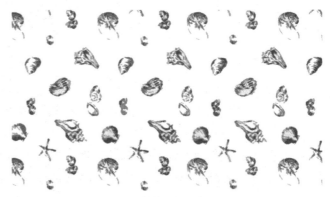

图 2-12　图案花型的四方连续设计

题性概念设计的色彩需要分析其组合搭配、面积大小等关系，使之形成能象征主题概念的主色调。

　　大赛的设计主题为"上善若水"，由这一主题发散联想，得到海的湛蓝与水的纯净白，确定了整体家纺白与蓝的主色调，白色选择柔和的象牙白，蓝色选择深沉的海军蓝，并在此基础上做色彩明度、纯度的变化与组合。考虑到卧室空间的色彩层次、使用者的心理舒适需求与习惯，在设计中加入了米色作为整体家纺的辅助色彩（将蓝色的对比色做适当的明度、纯度处理而得到）。最终，本案例面料色彩的设计定案如图2-13（彩图20）所示。

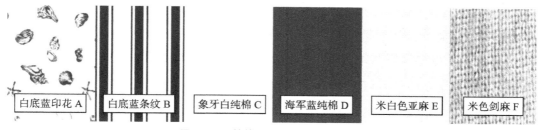

图2-13　整体家纺的面料色彩设计

（A、B、C为主面料，D、E、F为辅面料）

3. 面料材质与图案工艺设计

　　这一环节重在根据对主题概念的理解、图案色彩的表现，来选用适当的面料质地与工艺制作（印花、提花、针织、刺绣、绗缝等），从形、色、材、质全方位来打造主题概念设计的空间效果。不同的材料、工艺能产生不同的心理、生理效应，因此对材质与工艺的恰当运用应由不同主题设计的性质来决定。本案例整体家纺的床品面料选用致密、细腻的纯棉材质，窗帘面料选择质朴、纹理凸显的亚麻材质，地毯面料选择挺括、编织工艺优异的剑麻材质，既契合大赛的自然、环保理念，又能够保证良好的肌肤触感与使用性，并产生突出的、引人注目的视觉差异化效应。床品的面料密度为133根/10cm×60根/10cm，27.68tex（32英支），保证了合适的织物厚度与耐洗牢度；面料组织选择斜纹，使材质更加柔软、有弹性，并呈现良好的自然光泽，与麻质窗帘、地毯的亚光效果形成视觉上的对立统一。图案的制作大面积采用数码印刷工艺，小局部采用毛巾绣、绗缝工艺，既具有现代感又表现出颇具人文意蕴的手作特征。上述种种最终很好地形成了卧室空间"上善若水"的主题性氛围。

4.款式设计

款式设计在于整体把握前期已定案的设计因素，从中概括、提炼、整合相联系的部分，得出象征主题概念的设计形式。

本案例窗帘选用米白色设计，床单选用单色象牙白设计，最大限度地体现主题概念，传达水的纯净、自然以及节约印染成本的环保理念；被套作为整体家纺中的主角单品（视觉焦点），正面选用水墨风格的印花图案主面料 A，背面选用条纹图案的主面料 B，具有一定的变化，又强调了自然、环保的主题概念与现代风格（图 2-14）；印花枕套、抱枕分别选用与被套正面、背面相同的面料，凸显整体家纺不同单品之间的配套；白底小抱枕，在珊瑚图案、毛巾绣装饰工艺、规格尺寸上都做了设计变化，但在色彩、造型、图案主题上又与其他设计因素相关联（图 2-15，彩图 21）；绗缝的系列蓝色抱枕，打破了整体家纺布局中大面积白色所带来的单调感，绗缝线迹的水波形状，既满足了工艺固定、牢度要求，又贴合主题，并形成了单品的层次感与设计感（图 2-16，彩图 22）。所有家纺均采用简洁的长、方几何造型，以表达整体家纺的现代风格。最终，应用效果图如图 2-17（彩图 23）所示。

主题性概念的家纺产品以其绚丽多彩的形

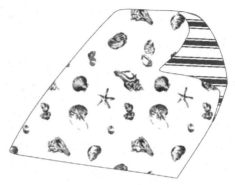

图 2-14　被套款式

图 2-15　珊瑚图案毛巾绣抱枕款式设计

图 2-16　水波形绗缝工艺抱枕款式设计

图 2-17　卧室整体家纺设计效果图

式，渗透延伸到生活的方方面面，其整体性的概念特征已成为时代的审美需求。掌握综合的概念化能力、敏锐的想象能力、过硬的设计拓展延伸能力，是现代设计趋势与现代生活时尚的需要，也是当前设计人才所必备的素质。

第三节　餐厅用家纺产品的整体设计研究

随着物质生活水平的提高和消费观念的转变，人们越来越追求居室环境的舒适与美观，崇尚情趣与新颖，讲究家居生活情调，不仅关注卧室、客厅空间的家居陈设，也开始注重惬意就餐氛围的营造，因此，餐厅用家纺产品的销量日益提高，餐厅美化成为正在兴起的消费时尚，相关的设计研究、设计实践也逐渐开展起来。

一、市场调研

从消费市场看，目前我国餐厅用家纺产品的消费特点主要表现在消费数量与消费质量要求的提升。如今，餐厅用家纺产品销售量占家用纺织品总销量的 18% 左右，比 2010 年以前的 7% ～ 9% 提升了近 10 个百分点，且保持不断增长的态势。消费者对产品的要求从实用层面逐渐向装饰、环保、时尚等方面发展，讲究产品的系列化、整体化和个性化，要求不断更新设计与生产，不断以新构思、新材料、新技术、新设备来开发新产品。

同比于日益增长的消费者需求，我国餐厅用家纺产品的设计、生产现状却不容乐观，主要表现为：技术水平低，质量不能满足要求，产品在手感、触觉、质地、色泽与舒适感方面都不能满足日益增长的消费者需求，尤其是设计缺乏原创性，大部分是国外产品的降档次复制，即使是自己设计的产品，也往往存在缺乏新意、品种规格不全、不成系列、难以系统生产等弊病。

反观美国、英国等发达国家，餐厅用家纺产品的使用量已达到家用纺织品消费总量的三分之一，其设计核心已从物质层面逐渐向情感层面过渡。国外餐厅用家纺产品注重设计的系列化，注重利用家纺产品的整体设计为用户提供温馨、惬意、良好的就餐氛围与意境，注重用户的心理体验与情感满足。如美国加州的 Golden Holiday 系列餐厅家纺产品设计，从餐厅的窗帘、台布、桌旗、餐垫、餐椅坐垫、桌下地毯，甚至到料理台的小毛巾，几乎都成了主题花草蔬果争奇斗艳的战场。置身于如此花园般的环境中，怡情养性自不必说，更生出那种一朵忽先变，百花皆后香的美妙意境。

国外的优良设计给予我们值得探究的启示，而面对制约中国餐厅纺织业发展的瓶颈——设计不足，设计师应承担起提升设计水平，为国人提供优质、人性化家纺产品的责任。餐厅用家纺产品的设计研究、设计实践势在必行。

二、餐厅用家纺产品设计研究

（一）品类

餐厅内常用的家纺产品有窗帘、台布、桌旗、餐垫、餐巾、餐巾纸盒套、茶壶套、茶杯垫、酒瓶套、果物篮、坐垫套、靠垫等，这类家纺产品大多体积较小，设计灵活性大，设计时，应充分强调其装饰性，使其能够吸引就餐者的视线，营造出良好的就餐氛围。如图2-18所示的整体设计，就是通过单色高级灰与黑、白、灰、米印花面料的色彩、图案搭配形成雅致、低调的就餐环境，而桌旗的黑色嵌条又成功地起到了夺人眼球的作用。

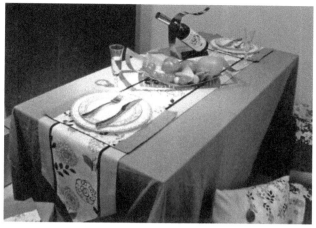

图2-18　台布、桌旗、餐垫、靠垫的配套

（二）材料

餐厅用家纺产品的材料选择要从使用目的出发，要具有一定的耐烫、耐磨、防油污性能。如铺设在餐桌上具有隔热与装饰作用的台布、桌旗、餐垫等家纺产品，面料就以纯天然的棉、麻或混纺类面料为主，这是因为此类面料具有耐磨、耐热、易于清洁、可染色性能良好等特点；而主要起隔音、遮光作用，能够形成舒适就餐氛围的餐厅窗帘，则多选用中等偏薄、悬垂性良好的麻类面料。

（三）色彩

餐厅家纺的色彩不宜过于沉重，避免压抑感，尤其是面积小的餐厅，更应选择明度高一些的色彩。餐厅家纺产品的色彩设计要从整体设计的角度进行统一考量，要与家装环境、风格以及其他餐厅软装饰相谐调。餐厅家纺的色彩由主色、辅色和点缀色组成，它们在人视觉上共同形成一定的色彩倾向，成为整体家纺产品的主色调。其中，主色所占面积最大，对主色调的形成起决定作用，一般是底色，或是表现主体形象的色彩；辅色，是用来辅助、陪衬主色的色彩，与主色可以是同类、相关、近似、互补的色相关系；点缀色，是根据特定需要装饰在家纺产品适当部位的小面积色彩，与其他色彩在色相、明度、纯度或灰度上反差较大，能够起到活跃气氛、画龙点睛的作用。餐厅整体家纺产品的色彩设计正是将主色、辅色、点缀色进行合理配置，使其形成所希望达到的对比、调和、主次关系，最终与室内其他装饰一起，共同营造出温馨、惬意、舒适的就餐环境。

必须说明的是，在色彩设计时，还要注重流行色的运用，通过合理配置一定的流行色来吸引消费者，提升产品的时尚性，进而提高其身价和档次。

（四）图案

餐厅中家纺产品的面料图案选择应结合空间尺寸、采光效果以及硬装风格等因素综合考虑。面积小的餐厅不宜使用大花型面料，以免给人以狭小、局促和烦躁的感觉。空间较大的餐厅在面料图案选择上则比较自由，主要考虑整体风格和客户需求。如选择植物、花卉、蔬果图案，以促进食欲与就餐情绪；选用碎花、条格、波点类面料与单色面料搭配，来表现清新、休闲的自然风格。当然还可以选用小面积的艳丽单色图案，搭配其他彩度较低的自然色，以表现使用者对生活的理解与独特品位。

（五）款式

餐厅用家纺产品的款式可谓丰富多彩，可以结合装饰工艺做各种设计变化，但万变不离其宗，设计必须与产品的功能相一致。如窗帘、台布、桌旗等工作常态为平铺式的家纺产品，其款式也必须同平面结构相谐调，不宜在上面做过于凹凸的设计，装饰多表现为面料自身图案的变化以及各种依附于平面结构的适形刺绣、流苏、镶边、拼布、贴布等（图2-19）；而面包篮、茶壶套、餐巾纸盒套等工作常态为立体式的家纺产品（图2-20），其款式则要同所服务的对象——茶壶、纸巾盒等造型、规格相一致。

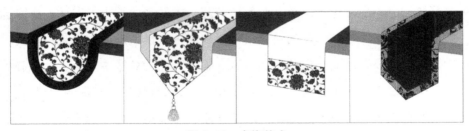

图2-19　桌旗款式

图2-20　面包篮、茶壶套、纸巾盒套款式

（六）整体设计

餐厅用家纺产品的整体设计是指对餐厅空间范围内所使用的家纺产品做整体性的考量，以整合的设计理念、产品搭配营造出个性而富有情调的餐厅环境。整体设计注重产品系列在风格、色彩、图案、款式等方面的整体性与统一性，使产品形成的风格与居室装修风格相谐调，使家纺产品成为家居整体装饰的有机组成部分。图2-21（彩图9）所示的餐厅用整体家纺的设计，以米咖为主色调，辅以明亮的红、绿点缀色，以印花工艺的植物图案与色织工艺的朝阳格图案相搭配；大面积纯天然亚麻面料与点睛的绒质面料呈悦目的对比，平面为主的结构中加入拼布、镶边、木耳抽褶、刺绣等装饰工艺，形成了质朴、典雅、清新的田园风格。

图2-21　餐厅用家纺产品的配套设计

三、设计实践

（一）设计定位

项目客户："都市田园"公寓住宅小区开发商。

目标消费人群：年轻单身白领。

项目目标：为单身公寓样板房进行餐厅家纺设计与制作。

项目设计空间：餐厅空间如图2-22所示。地面铺设实木原色地板；四人餐桌、餐椅外观质朴，实木手工制作；餐厅与厨房相对，用玻璃推拉滑门隔开；餐厅北面与阳台相连，落地移门分割，采光效果较好；餐厅墙体色调为白色，天花板上设有三盏青花镂空陶瓷灯。总体来说，该餐厅已有的装饰风格接近欧式乡村自然风格。

图2-22　餐厅硬装效果

（二）设计发展

1. 设计风格

项目样板房的目标消费人群为都市年轻白领，他们生活节奏快、工作压力较大，开发商希望能够营造休闲、舒适又具有一定审美品位的家居空间来吸引他们。基于开发商需求、目标消费人群的生活状态以及样板房现有的装饰环境，我们将餐厅家纺风格定位在现代田园风格，呈现方式确定为餐厅空间的整体家纺设计，意在为忙碌一整天而奔回家中的年轻白领营造温馨、舒适、自然、轻松的餐厅氛围。设计注重时尚、时代感，注重目标消费群对流行的敏感和艺术品位的追求。

2. 设计内容

结合餐厅空间结构、环境，目标消费群的审美诉求与生活方式，以餐桌为中心，设计内容最终确定为：北面玻璃推拉滑门处的餐厅窗帘，四人餐桌上的桌旗、餐垫、纸巾盒套，四人餐椅坐垫以及空白墙面的三幅系列布艺装饰画。

3. 设计构思

立足在目标消费人群对现代时尚的偏爱，设计人员将设计重点，也是亮点放在田园风格和现代时尚的碰撞与完美结合上。柔和色调与悦目装饰色的碰撞，单色图案与多种花型图案的碰撞，古老工艺与现代材料的碰撞等。"几何形贴布、手工线迹"的装饰元素将成为整个设计的点睛之笔。

（三）设计实施

1. 色彩设计与面辅料选择

（1）面料材质选择。基于风格的统一，整体家纺的面料选择必然存在你中有我、我中有你的特点。综合考虑风格营造，窗帘的悬垂性，桌旗、餐垫的耐磨性、易洗涤、免熨烫性，座椅套的抗疲劳性以及面料拼接时的色牢度要求，将餐厅整体家纺的面料材质确定为组织紧密、中等厚度、垂坠感良好的亚光涤麻面料以及浅色系的纯棉面料和深色系的涤棉面料。此外，考虑到不同家纺个体的成形效果，桌旗、餐垫等家纺选用有纺黏合衬辅料，纸巾盒套选用喷胶棉辅料，坐垫内芯选用硬质海绵辅料。

（2）面料图案与色彩。为了更好地诠释现代田园风格，强调现代感与个性，主面料选择单色图案，搭配田园风格中必不可少的碎花、条格、波点类图案面料；在色彩设计时，结合当前装饰中性化的趋势，选择柔和、中性色调，甚至带有女性感的粉灰色调，选择能与之和谐相处的、柔和而中性的淡米色、同色系的深咖啡色作为辅色，选择不同层次的粉、紫、绿、蓝、橘黄等作为点缀色，形成柔和而雅致、时尚而明亮的色彩系列。面料定案如图 2-23（彩图 24）所示。

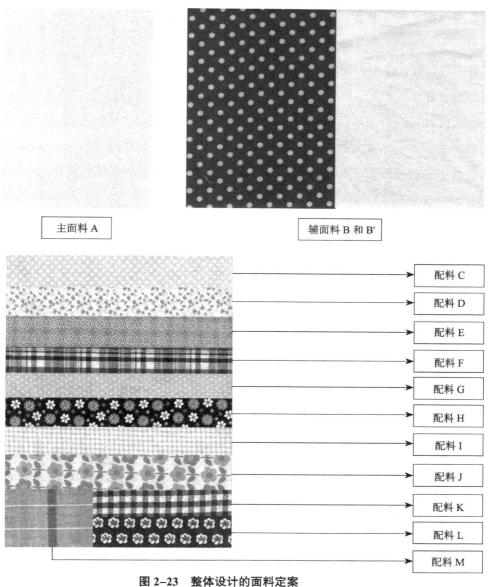

图 2-23　整体设计的面料定案

2. 装饰设计

装饰设计要综合考虑设计主题、风格、流行趋势，对前期设计要素图案、色彩等的合理表现以及与结构、工艺操作的科学契合度等方面。符合现代田园风格的现代立意，餐厅空间整体家纺设计选择极具现代感的基本几何形图案——直线、三角、菱形、矩形等作为图形装饰元素；符合现代田园风格的田园立意，整体家纺选择近年来非常流行的拼布、贴布、荡条、绗缝、线迹绣、嵌线等传统工艺作为工艺装饰元素，使它们贯穿于整体设计之中，使家纺产品表现出统一的装饰风格特征。

3. 款式设计

款式设计是结合前期已定案的面料、图案、色彩、装饰等设计元素进行单件家纺的形态、细节和呈现方式设计，使餐厅空间中的多件产品呈现出一致的外在风貌，最终营造出年轻白领温馨、时尚、雅致、艺术的餐厅空间。餐厅整体家纺产品的设计效果如图 2-24（彩图 25）所示。

图 2-24　餐厅整体家纺设计效果图

（1）刚柔并济的形与色。整体设计的主色调为柔美而雅致的粉灰色调，粉灰主色大比例使用在家纺产品中，与之相对比并和谐相处的，是窗帘表面呈编织状的矩形荡条，桌旗等的菱形贴布、矩形拼布以及直密排列的绗缝线迹。产品中，硬朗的线、面被柔化，柔美色调的甜腻感被消融，整体设计呈现出大气而细腻的视觉风貌。

（2）创新的双面设计。整体设计的桌旗、餐垫、纸巾盒套设计打破了传统单面使用惯例，设计成双面可用的产品，如图2-25（彩图26）所示。A面色调为粉灰色，与窗帘、坐垫等的取色呼应，通过对称的局部拼布、花型面料的菱形贴布、贴布图案上的彩色线迹装饰，形成柔和雅致的风格；B面色调为米色，与窗帘、坐垫等色彩形成对比调和，通过整体拼布基础上的贴布、线迹装饰，形成质朴而张扬的魅力特色。双面设计增强了桌旗、餐垫、纸巾盒的功能性，使用户可以根据喜好、心情自行搭配调整，并获得不同的视觉、情感享受。双面设计为用户提供了高性价比的多重选择。

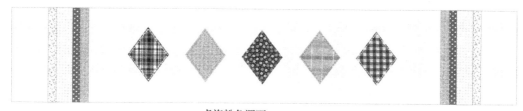

桌旗粉色调面A

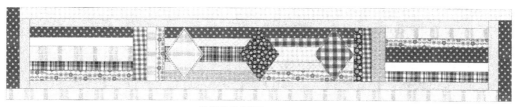

桌旗米色调面B

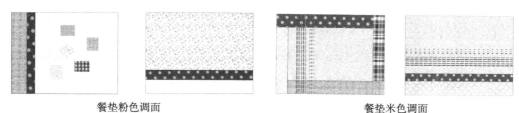

餐垫粉色调面　　　　　　　　　　　　　　　餐垫米色调面

图2-25 双面桌旗与餐垫款式设计图

4. 工艺设计

好的产品在兼具功能、审美性之外，还必须有科学的工艺来支撑，以整体家纺的坐垫套封口设计为例。目前市场上坐垫套的封口方式有拉链式、系带式和纽扣式三种，拉链式由于闭合完全，操作简便多被采用。在拉链式封口结构中，可以选用普通拉链或隐形拉链来连接。普通拉链连接在使用过程中拉链外露，影响产品的美观，隐形拉链可以克服这个缺点，但连接牢度低而且工艺成本高，尤其是坐垫，装入饱满的内芯后，拉链连接处需要承受一定的张力，隐形拉链常由于不堪负荷而破损，拉链易坏一直是坐垫产品亟须解决的问题。

在餐厅整体家纺设计中，设计了一种暗式拉链结构，如图 2-26 所示，将坐垫套的侧面分为左前右侧边与后上侧边、后下侧边三部分，其中，后上侧边采用连贴边结构与拉链一边缉缝，后下侧边与拉链另一边缉缝，将后上侧边盖过后下侧边二分之一并与左前右侧边缝合，使拉链被藏于后上侧边之下，最终，通过工艺创新，获得了将普通拉链"隐形"的暗式拉链结构，克服了现有普通拉链连接坐垫的外观缺陷，也避免了隐形拉链的牢度差与工艺成本高的缺陷，不仅提升了坐垫的使用性，同时也改善了审美性。

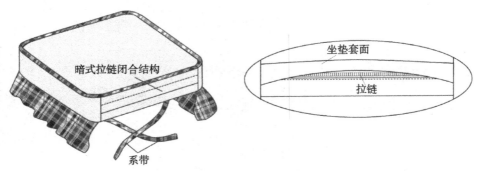

图 2-26　坐垫套款式与暗式拉链闭合结构

现代餐厅用家纺产品的整体设计要时刻以用户为中心，满足用户对产品的功能性需求，更要满足用户对产品的使用性、审美性等情感需求，这就要求在设计中综合考虑材质、图案、色彩、装饰、工艺等设计元素，使它们贯穿于系列设计中，使整体产品呈现出统一的外观风貌。同时又要能够从整体到局部，在整体理念的指导下逐次细化产品的款式，使上述设计元素依托款式载体完美调和，呈现人性化的设计细节，最终为用户营造富有情调的餐厅空间。不仅如此，整体设计还要考虑科学生产、良好传达企业信息的诉求，唯有如此，才能突破设计不足的行业瓶颈，才能承担起为国人提供优质、人性化家纺产品的责任。

第四节　基于"工业设计"视角的 卫浴用家纺产品的优化设计

卫浴空间是家居环境中用来洗漱、整理个人卫生的场所，通常比较潮湿，其设备材料主要采用表面光洁、防水的陶瓷类，这类材料会使卫浴空间充满与人疏离的生硬感。近年来，随着人们对家居环境要求的提升，卫浴用家纺产品，因其能够很好地中和建筑材料带来的生硬感，提供温暖、柔软的视、触感，营造良好的如厕和洗浴氛围，正在成为需求量越来越大的家用纺织品，而对卫浴家纺产品的优化设计研究与实践，也成为家纺产品设计领域不可或缺的一个单元。

卫浴用家纺产品设计，是针对卫浴空间所使用的纺织品进行的创造性活动。其优化设计，不仅是针对纺织品设计要素，更应立足于现代工业产品设计的视角，从产品的功能性、易用性、审美性、情趣性、文化性等设计要素出发，来探讨其包括组织结构、材质、图案、色彩、款式等纺织品设计要素的优化配置。

一、我国卫浴用家纺产品设计现状

家居空间中的家纺产品，主要包含客厅、卧室、餐厨、卫浴四大类。纵观我国急速增长的家纺行业，其主要目标集中在卧室用家纺产品的设计生产上，客厅用、餐厨用产品次之，而对卫浴用家纺产品的关注度极低。其实，卫浴空间是特别需要家纺产品来营造安全、舒适氛围的，其窗帘提供的私密性，收纳产品提供的空间整合性，马桶包覆套件在寒冷冬季提供的良好坐感等，都是保证消费者生理、心理舒适度必不可少的条件。

卫浴用家纺产品主要包括帘类、巾类、浴衣、马桶包覆套件以及收纳遮饰类产品。其中的巾类、马桶包覆套件、浴衣等产品的市场占有率非常高，说明它正是消费者生活中必不可少的用品，现有产品能够满足基本的功能、安全要求，但对产品的易用性、审美性、文化性等与消费者精神需求相关的设计因素却关注度不足，以马桶包覆套件为例，市场上现有产品主要为针织类产品与机织布艺绗缝产品，其中针织类产品因具有良好的伸缩性，与不同规格的卫浴洁具契合度高，易用性较好，但其风格单调，基本采用纯色或简单卡通矢量图形的装饰设计，千人一面，产品个性不足，不能满足消费者的多元需求；机织布艺绗缝产品田园风格突出，获得年轻一族的喜爱，具有一定的市场占有率，但现有产品结构、工艺设计不合理，形态、细节都难以契合不同规格的卫浴洁具，同样不能满足消费者的易用性要求。另外，因我国大众消费者的卫浴空间都相对狭小，客观上需要收纳类产品来进行空间整合，但市场上这类家纺很少，仅有的产品也功能单一、设计简陋，没能针对卫浴空间的特点来进行卫生用品的收纳设计，与卫浴空间相关联的功能亟待开发。种种分析说明，我国卫浴用家纺产品的设计水平还存在着很大的优化提升空间。

二、基于"产品视角"的优化设计

（一）功能性设计

卫浴用家纺产品的功能性设计首先表现为材质选择、组织结构设计的功能性。如窗帘选材，既要考虑良好的遮光效果，又要能够适应水蒸气环境，并利于空气流通，因此，涤纶材质的致密面料是卫浴空间窗帘面料的首选；与卫浴设施直接接触的地垫、马桶垫等家纺产品，在设计时，顶面要考虑具有一定的吸水、快干能力，底面具有一定的防水、防霉、易擦洗性能，因此，具有储水能力的疏松圈绒组织、防水的腈纶材质是顶面材料的首选，而乳胶、PVC、PEVA 等易擦洗材料则是底面材料的不二之选。

如今，功能性纤维的开发，更是大大提升了卫浴用家纺产品的功能性。青岛喜盈门集团有限公司开发的维生素毛巾，在产品后整理过程中加入了 Vc+e 护肤整理剂（以维生素 C 和维生素 E 为主要成分的反应性纳米微胶囊），使用时的挤压和摩擦使产品能够释放出维生素以达到营养、滋润、护肤的功效；而魏桥纺织股份有限公司开发的田园风格的布艺马桶包覆套件，选用棉、仪纶（通过聚酯和聚酰胺大分子共聚开发出的一种聚酰胺酯型合成纤维）混纺面料来代替常用的纯棉面料，使产品既能保持类似全棉面料的柔软触感、亲肤特质，又具有与工作位置、工作方式契合的易洗快干特征。

图 2-27　卫浴间组合收纳挂袋

　　卫浴用家纺产品的功能性设计还表现为功能整合，利用可组合的功能来满足用户的多种需求。图 2-27 所示的组合式收纳挂袋，将卫浴间每日必备的平板纸与卷筒纸组合在一起收纳，既节省了收纳空间，改善了卫浴间凌乱的外貌，又契合了家庭成员对不同纸品的使用需求。产品悬挂于坐便器使用者人手的活动范围之内，用户可以根据需要进行纸品的随心选择。该设计在提高空间利用率的同时，使产品获得了更优异的功能性。

（二）易用性设计

　　卫浴用家纺产品的设计要追求易用方便，这种易用需要综合考虑使用环境、使用方式、操作舒适度等针对用户的因素。目前常见的卫浴窗帘大多采用百叶窗、卷帘等款式，能够利用抽绳方便地进行开合。但是，这种款式存在着拆卸和清洗不便的弊端，对于我国潮湿的南方地区，这样的窗帘极易发霉，易用性很差，而款式简洁、方便开合、方便拆卸的横向开启式涤纶纺织品窗帘，就能够更好地满足潮湿地区用户的易用性要求。

　　操作舒适度也是衡量产品易用性的一个重要因素。如田园风格的绗缝马桶盖套设计，由于面辅料无弹性，为了能够穿脱方便，目前市场的产品采用了侧边装拉链款式（无伸缩性，适应不同规格的卫浴洁具能力差）与松式配合款式（马桶盖套的尺寸远大于马桶盖尺寸，成形状态差），两种款式背面都采用整体封闭结构，同时适应开、合状态的能力差，而如图 2-28 所示的设计，正面为布艺绗缝的整体封闭结构，背面为橡皮筋抽褶工艺的开放结构，利用橡皮筋的弹力来满足马桶盖套的穿脱要求、对不同尺寸洁具的适应要求以及开、合两种使用常态下的美观、平顺要求；背面抽缩边设计成两边起翘的弧线形，形成中部窄、两头宽的宽度形式，可以有效保证交界处橡筋的隐蔽性（图2-29）。

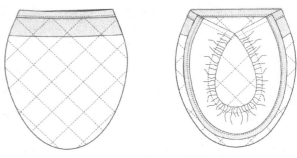

图2-28 马桶盖套正反面款式图

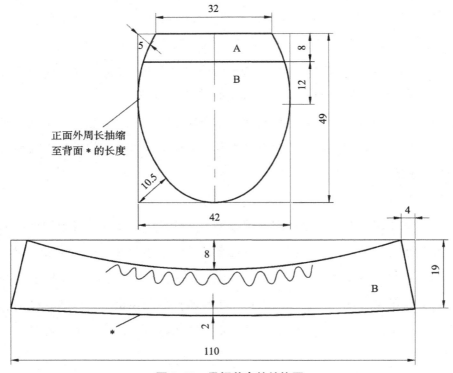

图2-29 马桶盖套的结构图

（三）安全舒适性设计

卫浴类家纺产品的安全舒适性设计，一是指使用材料的安全、环保、舒适，二是指设计结构的安全可靠。如日本钟纺公司的产品，采用经高技术处理的，融合中草药、植物香料、茶叶树茎的功能性纤维面料，具有中和人体气味、抗菌防臭的保健功能；面料组织结构采用轻薄、柔软的单层无捻纱圈绒组织，减轻了浴袍的重量，提升其柔软度与速干性，并获得良好的皮肤触感。浴袍结构宽松，款式为方便穿脱的前开襟式样，不设纽扣，而是采用一根腰带来控制穿着时的开合；基于人体工程学考虑，腰带长度设计为160cm，有效保证了使用范围与使用安全（从通用性考虑，浴袍的腰带不宜过短，以适应不同胖、瘦的人群；从安全性考虑，浴袍的腰带又不宜过长，以避免缠绕与踩绊）；在细节处理上，设计为无侧缝款式，尤其注重不使用具有硬质感的辅料，使浴袍获得良好的亲肤舒适性。

（四）审美性设计

卫浴类家纺的审美性设计主要是从用户的心理出发，综合考虑材料、色彩、款式、装饰等因素，通过设计满足用户对卫浴空间所希冀的洁净、清新、舒适的心理需求，因此，卫浴用家纺的审美性设计不是孤立地对待各家纺产品，而是要综合考虑设计要素来进行家纺产品的整体设计。其一是考虑各家纺产品之间的关联与搭配。如图 2-30（彩图 27）所示的系列卫浴家纺，既有统一的白底基调色彩，又有与其搭配的淡紫、

图 2-30　卫浴空间整体家纺设计效果图

浅秋香绿的辅助色彩，既有稳定的单色图案，又有造成视觉丰富、动感的植物花卉图案，并以不同的大小比例形成韵律感，还有针织浴衣、机织帘饰等单品的材质对比以及局部的拼布、绗缝、滚边工艺，最终形成洁净、自然、雅致的韩式田园风格；其二是考虑家纺产品与卫浴空间的硬装风格、卫浴设施之间的配套，图2-31所示的浴帘与浴缸，在色彩、款式、风格上的搭配，为用户营造了洁净、安全、个性的卫浴氛围。

卫浴用家纺产品的审美性还表现在产品的时尚性。如今消费者对产品的要求越来越高，不仅满足使用，更要表达使用者的品位与个性，因此，卫浴用家纺产品设计也要与时尚文化相结合，图2-32所示的毛巾产品，其卡通猫的主题形象、条纹的现代感底色图案以及平面与立体、贴布与织绣结合的流行工艺，无一不在言说时尚，折射现代"喵星人"的流行文化。此方毛巾设计，不仅为消费者提供优质产品，更表达了企业文化中所蕴含的人性关怀。

图2-31 卫浴空间家纺与环境、设施之间的搭配

（五）情趣性设计

家纺产品设计，更要关注消费者的内心情感与情趣，尤其要将消费者内心情感同特定文化、审美情趣结合在一起。

图2-32 卡通猫系列毛巾产品

如图 2-33 所示的搓澡巾产品，将趣味审美与产品功能完好地结合，夸张长臂猿的长臂特点，并与人的搓背行为方式相关联，使原本实用功能突出的搓澡巾，变身为滑稽可爱的卡通玩偶，展开后 85cm 的长臂规格，符合 16 岁

图 2-33　长臂猿搓澡巾正反面款式图

以下儿童的身体尺寸，与螺旋纹搓澡工作面结合，使产品具有优异的功能性。如此幽默、诙谐的设计，大大提升了产品的趣味性，有效降低目标使用者——儿童对洗澡行为的排斥，为儿童，甚至为他们的父母，具有 Kidults 情感的"80 后"群体，提供了温暖的情感慰藉。

（六）民族文化性设计

若要占领国际市场，若要长远地拥有国内市场，家纺产品必须具有自己的民族文化个性。今天，我们的家纺产品设计既要吸收国际成熟设计的优点，也要在设计中融入中国传统文化元素，这一论断，已成为不争的事实。由于中国市场巨大的消费潜力，使国际设计界刮起强劲的中国风，我们的传统文化又一次大放异彩，中国的家纺设计也迎来了民族风的春天。虽然，在我们目前的卫浴家纺设计中尚难寻民族文化的踪迹，但国际家纺设计界的成功案例，为我们提供了有益的经验。如日本内野品牌的婴童手帕巾设计，将极具日本传统特色的吉祥人物、动物、物件，结合婴童生理、心理特点，设计成符号化的可爱卡通图案，并采用精致的传统工艺刺绣于边角，既保证了产品的易用性，又增加了审美性，最为重要的是，使产品具有突出的民族文化性，这样的设计，既有生活情趣，也寓教于乐，使孩子在日常生活起居中接触、认识本民族的传统文化，在潜移默化中形成民族认同感，产生更为深远的影响和意义。

目前我国卫浴类家纺产品的设计、生产还不成熟，从工业设计视角对其设计研究可以说处于空白状态，产品在功能、使用、审美、趣味、民族文化性等方面还存在诸多问题，作为有社会责任感的设计师，理应从使用者生理、心理以及更高的情感、精神需求出发去审视、研究，并实践设计，力求设计出具有优异的功能性、方便的易用

性、可靠的安全舒适性、宜人的审美性、怡情的趣味性、深厚的民族文化性的家纺产品，为优化大众生活，为我国家纺业的蓬勃发展做出积极的贡献。

第五节　家居布艺花瓶产品的创意设计

随着生活水平、文化水平的提高，现代消费者越来越注重家居环境的温馨与情趣，对家居软装中"画龙点睛"的家居陈设品，也就有了更多的希冀和要求。花瓶——消费者喜爱的家饰，在市场上有很多品类，这些品类的共性特点就是采用玻璃、陶瓷、塑料等硬质材料。对于有宝贝或是养宠物的家庭来说，这样的花瓶无异于随时可能爆炸的"定时炸弹"，很多消费者也只能"望瓶兴叹"。现有花瓶观赏、装饰的主要功能，易碎的品质特点，使得它在居室空间中与人的亲近感不足，能否设计出顺应市场需求的"打不碎"产品，是布艺花瓶产品设计开发的起点。

一、产品研究

（一）布艺花瓶产品现状

在中国市场，布艺花瓶产品领域尚属空白。虽然也有名曰布艺花瓶的产品，但那只是其他器皿外所加的一件布衣而已，依然具有硬质、不可形变、易碎的特点，与项目设计开发的主体，具有柔软、温暖触感，能够与人亲密接触，尤其是能够与小宝贝、可爱的宠物和谐相处的布艺花瓶完全不同。国外已有人提出布艺花瓶的概念，也有少量的成品被设计制作出来，但那只是艺术家或艺术爱好者的个人创作，属于艺术品范畴，其工艺手段尚不成熟，表达手法也比较单一，尤其是功能依然只是家居环境中的装饰品而已。也就是说，在国外，对布艺花瓶的研究探索仅处于一个浅显的层次，并没有进行大量的设计实践，更没有从大众生活的层面来考虑布艺花瓶产品的功能、使用等问题，即便如此，其生产的可实施性、批量性、性价比自然也不容乐观。

（二）布艺花瓶市场前景考察

在我国，随着轻装修、重装饰环保理念日益被认可，人均居住面积逐年增大，各类软装饰品已成为家居装饰的必需品，软装行业正在成为高速发展、契机无限的朝阳产业，而其中的布艺花瓶，也必将顺应整个行业发展，具有越来越大的需求空间。

同时，伴随着整体消费水平、消费意识的提升，消费者对家居环境、室内软装有了更高的需求，如今的室内纺织品设计，已由从前孤立的单品设计上升到配套化、整体性设计，而布艺花瓶，非常容易与其他布艺家饰（窗帘、沙发、靠垫、床上用品等）在风格、材质、图案、色彩、工艺等方面获得统一，在温馨居室中谱写精彩一笔，因此，消费者对家居环境要求的提升，必将扩大布艺花瓶产品的市场需求。

区别于其他硬质花瓶，布艺花瓶是一种软材质的家居饰品，在视觉、触觉上给人以亲近感，同时，还具有非常出色的安全可靠性。消费者不用费心选择它的摆放位置，只需按照生活需要安排即可。试想一下，你的卧室窗帘旁边有一个很大的落地布艺花瓶，这个花瓶与窗帘、床品、地垫等家纺产品在图案、色彩、装饰、款式方面都同脉同宗，当你的小宝贝或是宠物横冲直撞的时候你丝毫不用担心，依然悠闲自得地做着手头的事情，而且，你的花瓶还是一个很好的储物容器，在装饰室内空间的同时又具有实用的收纳功能，这样的产品怎能不被家有宝贝、家有萌宠的消费者所钟爱？因此，特殊消费者的特别需求必将进一步拓展布艺花瓶产品的市场空间。

二、设计定位

（一）消费者需求考察

从消费者需求角度，我们进行了访谈式的需求状况调研，被调研人群对布艺花瓶产品表现出了较大的兴趣与好奇，而其中有小宝贝、宠物的家庭则对该产品充满了期待，被调研人群对产品提出了多项要求，最为突出的是：

（1）审美要求：产品的图案、色彩、造型都具有美感与亲和力。

（2）系列配套要求：能够提供丰富的系列产品，能够与其他布艺家饰和谐配套。

（3）环保要求：安全，不掉色，尤其是内芯材料没有甲醛等释放物。

（4）重复使用要求：能够被清洗并在清洗后继续使用。

（5）收纳要求：兼具装饰与玩具收纳功能。

（二）设计人群定位

通过市场调查和资料分析，最终确定布艺花瓶产品的目标消费人群是"80后"、"90后"的女性消费者，尤其面向已为人母的年轻妈妈，面向家有萌宠的都市女性。因为这类人群对新鲜事物的接受能力强，对扮靓自己的家居空间关注很在行，对布艺花瓶的储物功能，与其他布艺软饰的搭配能力、个性化的装饰表现都需求明确，特别是对产品的安全性优势极其认同并存在必然需要。

三、设计发展

（一）布艺花瓶的装饰创意

1. 风格与装饰设计

国外现有的布艺花瓶大多采用单一的纺织品面料，利用面料本身的图案产生一定的视觉风格，这个风格基本上与纺织面料的风格是一致的。而实际上，布艺花瓶的风格绝不仅止于面料风格，通过对不同面料进行纹样、肌理、材质、色彩元素的搭配，通过面料的编织、层叠、填充、抽纱、刺绣、镶缀、绗缝、物理化学处理等工艺，都能够获得特色鲜明、风格独具的系列产品（图2-34、图2-35，彩图28、彩图29）。

图2-35为Q版形象、刺绣、贴缝工艺为主的田园卡通系列，其设计主题意在契合今天忙碌而紧张的都市人对田园生活的向往和回归。在设计构思中，针对目标消费人

图2-34　和风系列布艺花瓶

群的喜好，首先确定了以现代插画图案来表达主
题的设计思路，确定了主题形象采用Q版造型。
这是因为，现代插画轻松诙谐的表达特点，Q版
造型头大身小的造型样式、可爱亲切的视觉风
格，正符合当今社会转型时期都市人在压力、竞
争下对心灵慰藉的诉求，成为日益受到追捧与钟
爱的流行风格，而这种风格的所指又正好契合了
田园卡通系列产品所要表达、引发的情感。

图2-35　田园卡通系列布艺花瓶

　　系列产品设计了笑眉笑眼、田园气息浓厚的
Q版卡通女孩主题形象，并据此描绘了下雨啦、
荡秋千、摘果子、去浇水、乘热气球去旅行五个田园生活场景（图2-36）。整体设计基
调有趣、轻松，主题形象稚拙、可爱，主题场景一目了然，特别注重图案线条的简单
化，图面效果的二维感，意在使受众透过视觉层面获得自如、快乐、童趣的情感联想
与体验。

图2-36　装饰图案设计

2. 材料与装饰工艺

　　布艺花瓶的儿童画风格图案要采用与之谐调的装饰工艺来表现，而布艺花瓶的材
质——装饰图案的基底选择也要考虑与主题风格的一致，同时，布艺花瓶作为与人距
离更为接近的家居陈设工艺品，在功能得以扩展之后，可以作为居家使用的收纳容器，
更要满足安全、环保的要求。基于上述考虑，田园卡通系列的装饰工艺选用了传统、
质朴，同时又为时尚所青睐的贴布绣，精致细腻，能够很好地表达图案线条的线迹绣，
以针代笔，以布代墨，使线迹与贴布所成的块面相映成趣，产生虚实相生的视觉效果。

如图 2-37 所示的荡秋千场景，就采用了锁针、轮廓针、辫针、绞花、回针、菊叶针等多种针法，以精致细腻的"笔触"描绘出现代、时尚的插画般场景。在材料选择上，追求材质的自然天成，基底材料选用了粗纹、本色、经纬向编织的亚麻面料，

图 2-37　布艺花瓶的装饰材料与工艺

其质感、肌理、色泽既能够很好地诠释田园主题，又能够直接表现主题形象面部、四肢的皮肤；装饰材料选用了纹理细致、光泽柔和的纯棉面料，通过浅淡的粉色、不同层次的蓝色、明度略低的大红色、百搭赭石色的色彩搭配以及经典轮回的碎花、条格、波点，单色图案的纹样搭配，使系列产品呈现出既温馨雅致又活泼悦动的视觉风貌。

（二）布艺花瓶的形态创意

理论上讲，通过结构分割，布艺花瓶可以塑造成各种形态，但实际操作中，布艺花瓶的成型是受主题风格、图案表现以及造型工艺等因素制约的。田园卡通系列属于现代流行风格，在形态设计上要具有现代感；在花瓶表层设计了居于主要表现地位的插画风格图案，产品形态要与之相辅相成，并要顺应图案的主导地位。同时，为了保证图案的连续性表现，要尽可能不设计结构分割，这就需要花瓶的三维立体形态能够由完整的平面结构直接塑形。除此之外，形态设计还要考虑花瓶具有一定的容量，考虑入口处允许通过的尺寸，以便契合其收纳功能。田园卡通系列的产品形态设计为如图 2-35 所示的圆台基体，这种形体造型现代、简约，具有相当的容量与开放性入口，尤其是能够由完整的扇环平面结构来直接成型。为了更好地表达主题风格，形成系列感，在基体之上，进一步设计了高度不同、比例不一的拼布圆柱体，使它与基体结合，形成一脉同宗、高低错落的布艺花瓶产品系列。

（三）布艺花瓶的工艺创新

1. 造型工艺

布艺花瓶现有的造型工艺方法尚不成熟，制成品存在着瓶体薄软、体量轻、站姿

稳定性差等弊病，为此，设计者进行了以下两项工艺创新设计。

（1）环保硬衬：借鉴中国传统布鞋制作工艺中做"袼褙"的方法，利用废弃布料碎片、面糊制作具有一定厚度、挺括度、柔润性的环保布面硬衬，来克服瓶体薄软的弊病。新工艺以环保材料、环保方法取代了原来使用的黏合衬（背胶含有甲醛），在克服瓶体薄软弊病的同时，也获得了良好的安全性与洗涤后形态的稳定性。

（2）面里分离：花瓶面（面布与中等厚度铺棉组成）、花瓶里（里布与硬衬组成）分别立体成型，花瓶里立体高度设计为花瓶面立体高度的五分之四，下部剩余五分之一的空间填充木屑以增重，克服站姿稳定性差的弊病。新工艺隐藏了制作时的缝迹，面里之间加装隐蔽的 PVC 瓶口加固衬，在提升成型稳定性的同时又进一步优化了产品的外观效果。

2. 工艺与附加功能

结合中国传统中药的保健、香料的怡情作用（比如辛夷、桂枝是具有祛风、发汗、祛痰、杀菌功效的芳香性药物，薄荷茎叶是具有祛风、利目、利咽、透疹、疏肝解郁功效的芳香性药物），利用布艺花瓶下五分之一的木屑层，在其中填充具有特殊疗效的中药材或具有清新优雅香气的香料细末，使人们在享受布艺花瓶装饰、储物功能的同时，还能够预防疾病、怡情养性，获得生理、心理的双重愉悦。

布艺花瓶从表面看是一个小产品，但是作为设计项目实施起来，流程中每个环节都不可或缺，从最初的产品研究、设计定位到后期的结构、工艺确定，都需要紧紧围绕目标消费人群一一展开，而且要力求通过每个细节考虑达到以人为本的根本设计目的。正是由于设计者的点滴付出，最终实现了消费者对布艺花瓶的审美、配套、环保、重复使用、收纳要求，获得了布艺花瓶在家居生活中多元化的"画龙点睛"的完美效果（图 2-38，彩图 30）。

图 2-38　布艺花瓶的应用

第三章

婴幼儿家纺产品
整体设计

▶ ▶ ▶

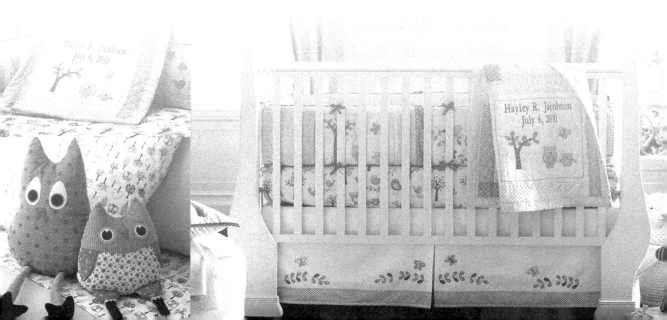

第一节　婴幼儿家纺产品的现状与趋势

中国婴幼儿家纺市场之"大"、之"潜力"绝非虚夸。据人口普查最新统计数据显示：中国 0 ~ 16 岁的儿童共有 3.8 亿，约占全国人口的 1/4，而其中 0 ~ 3 岁的婴幼儿又有 6900 万，约占中国儿童人口总数的 1/5。不仅如此，数据分析进一步显示，随着我国"80 后"、"90 后"陆续步入生育年龄以及二胎政策在各省市的逐渐放开，今后十几年，中国新生儿童将以年均 800 万到 1000 万的速度增长，并将形成 2028 年前后的第五次婴儿潮。如此庞大的婴幼儿人口基数，加之快速增长的出生率，无疑将会大幅提高未来婴幼儿家纺市场的需求量，使之成为当之无愧的"大"市场，成为目前乃至以后发展潜力最大、收益丰厚的一块大"蛋糕"，这也是"梦洁""罗莱""富安娜"等一线品牌纷纷投入这个童话世界的原因，然而，新形势下的婴幼儿家纺市场，在消费需求、行业标准、产品开发、品牌建设、营销渠道等诸多方面对企业提出了更高的要求。

一、发展现状

（一）市场供求与行业标准

目前，我国婴幼儿家纺市场的消费需求表现为高、中、低层级分化。

第一，高端消费待培育。这一层次的消费者对婴幼儿家纺非常重视，希望通过整体系列产品，为孩子提供安全、妙趣、独特的家居生活空间。要求产品要具有过硬的安全舒适性，良好的功能性，悦目的审美性，巧妙的益智和趣味性以及最和谐的宜居性等，但是市面上的大部分产品难以满足消费者的需要。目前国内有实力生产婴幼儿家纺产品的企业很少，即便如"梦洁""罗莱"这样的一线品牌，也主要开发 3 岁以上的儿童家纺，对于 3 岁以下的婴幼儿家纺鲜有涉足，而当高端商场无奈引进一些国外知名品牌时，价格又过于昂贵，只有少数消费者能承受，不能形成消费主流。

第二，中端消费在崛起。随着国人生活水平、消费水平的日渐提升，随着文化程度较高的"70后"、"80后"为人父母，我国婴幼儿市场的中端消费人群正在迅速攀升。比起价格，这一层次的消费者更看重婴幼儿家纺从安全、舒适到功能、审美的品质保证，也逐渐注重产品的故事性，与家居环境的谐调性，当然还有产品的性价比。然而，目前的市场并不能满足其消费需求，对应于动辄几百元、上千元的价格，现有产品在安全、质量、设计等各方面都难以达到与价格相匹配的要求。

第三，低端消费者对市场也不认可。这一层次的消费者认为，较之成人家纺而言，婴幼儿家纺用料少、制作简便，而如今几近成人家纺的价格不能真正体现商品本身的价值。其实，这里面存在着一定的市场认识误区。虽然的确有个别商家就目前"独生子女"现状肆意抬高价格，追求不合理的利润，但最主要的原因在于：自2006年1月1日正式实施了《国家纺织产品基本安全技术规范》，将婴幼儿用品列为安全技术标准要求最高的A类产品，凡不符合此技术规范的产品将被禁止生产、销售和进口。在该规范中，对A类产品在色牢度、甲醛含量、耐摩擦、环保认证等方面都有相当严格的规定，这无形中增加了婴幼儿家纺的生产成本与准入门槛。不仅如此，由于婴幼儿家纺需要专门的设计、展示，其开发、运营成本也并不低于普通成人家纺。还有，我国专业生产婴幼儿家纺产品的企业很少，绝大多数婴幼儿家纺都是由成人家纺企业作为二线产品生产，专业性有待提高。上述种种因素都导致了婴幼儿家纺产品的价格偏高，这在某种程度上也制约着市场的发展。

在北美和欧洲市场，婴幼儿家纺市场已经十分成熟。一般大型综合超市和母婴连锁店都有婴幼儿家纺产品售卖，其品类丰富程度与成人家纺不分伯仲，生产标准明确严格，生产厂家专业，有完善的退换货保障制度，产品档次分高、中、低不同层次，中、低层次价格适中，为广大消费者所认同，而高层次价位产品多为科技含量高、更为健康的环保材质产品，也同样具有稳定、成熟的消费人群。

（二）产品开发

对比北美和欧洲市场，国内的婴幼儿家纺产品从品质到设计都有相当大的差距，其种类繁多、品牌云集，美国、法国、意大利等国已经完成了从成人家纺到整体家居，再到婴幼儿家纺整体设计的发展过程，而我国尚处于从成人家纺向整体家居发展的过程之中。在成熟的国外市场，婴幼儿家纺企业的新产品开发通常是基于大量的市场调研基础之上，从研究消费者生理特征、心理特征、生活方式、使用方式、流行趋势开始，依次完成新品的概念设计、色彩设计、图案设计、款式设计，直至最后的系列新品开发，整个开发过程由团队中的色彩设计师、产品设计师、工艺设计师等协作完成，因此，开发出的新品概念清晰，市场定位明确，安全性、功能性、使用性、审美性、趣味性、宜居性等出色，往往能够起到引导市场消费的作用。相比之下，我国大多数婴幼儿家纺企业在产品研发上的投入微乎其微，"跟风""抄袭"的拿来主义成为常态，既缺乏对市场的深入调研，也不注重色彩搭配、流行趋势，不考虑环保、功能性等方面的细化要求，设计表现仅是对卡通图案的简单使用，反应在市场上，就表现为产品同质化严重，不论品种、花色、规格、材质、功能性还是价格，消费者的选择面都很窄。尤其是有些产品缺乏功能性，缺乏最基本的消费者研究。如目前市场上的婴幼儿家纺床品套件，其中主打产品——婴儿被的尺寸设计，就缺乏与国人生活方式的契合。现有婴儿被的尺寸大多是 150cm×120cm，是按照宝贝独自睡在婴儿床上设计的，而事实是，中国的宝贝大多数在 4 岁之前与家长生活在同一间卧室，在 3 岁之前有大部分时间会睡在成人床上，150cm×120cm 的婴儿被在宝宝不足 12 月大时会因尺寸过大、过于拖沓而不易使用（80cm×80cm 的尺寸受欢迎），而当宝宝 1 岁左右会走路后，随着行动能力的大幅增强，常会在睡梦中翻滚、踢腿，这样的婴儿被又因尺寸不足而不易使用。很多消费者表示，虽然在买床品套件时买了婴儿被，但其真正使用的频率与时间却非常少。这些产品的设计连最基本的功能性、使用性都不能保证，根本不可能具有引导市场的作用。

（三）品牌建设与营销

我国的婴幼儿家纺市场与国外成熟市场的差距，不仅表现在产品品质与设计上，更突出的是没有独立的知名强势品牌。国内婴幼儿家纺产业还处于初级阶段，品牌意识薄弱，整个行业缺乏领头羊，在各个细分市场的整合方面，也只有部分企业开始启动，品牌的延伸和子品牌的创立都在准备和尝试的过程之中，在营销渠道的拓展方面，虽然开辟了多种形式，如新型的线上销售，但就目前的情况来看也只是各企业消化库存的主要渠道。而进入中国婴幼儿家纺市场的国外公司，一时难以完全改变原有的思维方式，很多方面仍然沿用国外的研究数据，没能全面针对中国婴幼儿的生理、心理、成长特点，针对中国人的生活方式开发婴幼儿家纺产品，因此也难以形成独立的强势品牌。

相对于品牌、花色、材质众多的成人家纺产品，婴幼儿家纺的表现的确薄弱，但从另一方面来讲，这一市场也存在着巨大的发展空间，虽然检测标准、技术支撑、质量安全等各方面高要求的"夹击"使大部分企业还处于观望阶段，虽然如"罗莱""梦洁"这样的一线大牌，也主要开发 3 岁以上的儿童家纺，但的确已经出现了立志打造中国高端婴幼儿第一品牌的"I-BABY"，其产品链、供应链合理，品牌定位准确，品牌理念"安全、健康、美学、绿色"清晰，品牌代言人影星周韵与品牌文化契合度高，品牌设计总监 Bridget Kelly 在国际业界具有良好的口碑和知名度，该品牌自 2008 年成立以来发展迅速，是我国婴幼儿家纺品牌建设比较成功的范例。

二、婴幼儿家纺的发展趋势

（一）绿色环保设计

"绿色消费""绿色产品"的浪潮已在国际纺织界掀起，人们对家纺产品在生产、穿着和使用中的安全性提出了更高的要求，由于婴幼儿家纺的特殊性，消费者更加关注其对人类健康和环境保护的重要性。以蓝铂家纺为例，已推出的蓝铂儿童（LINPURE KIDS）系列和将推出的蓝铂婴幼儿（LINPURE BABYS）系列，均通过采用优质的长绒棉原料以及与世界顶级染化料公司亨斯曼（HUNTSMAN）的合作，使所有产品全部达到国家 A 类婴幼儿检测标准和国际 OTEX-100 A 类婴幼儿检测标准，为国内婴幼儿家纺品牌做出了良好的表率。

（二）功能性设计

随着婴幼儿家纺市场的不断充实和完善，消费者对于产品的需求趋向多元化，仅安全舒适、外形美观已远不能满足消费者的高标准、严要求，因此，具有高科技含量和附加值的功能性家纺产品将成为市场宠儿。以"多喜爱"婴幼儿家纺为例，日前，该品牌就将经过市场多年成功验证的芬纳诺抗菌技术运用到了婴幼儿床品中。经国际权威机构 SGS 和疾控中心检测，该产品对大肠杆菌、金黄色葡萄球菌、白色念珠菌、衣原体、支原体、绿脓杆菌、淋球菌、霉菌等 100 多种致病细菌都有强大的抑制抵抗作用，抑菌率达 99.9%，即使经过反复洗涤，抑菌率仍能达到 90% 以上，且抗菌效果可以持续 2 ～ 4 年。"多喜爱"抗菌床品的开发，在为婴幼儿健康睡眠保驾护航的同时，也很好地引领了未来婴幼儿家纺功能性设计的方向。

（三）整体性设计

未来的婴幼儿家纺市场，不仅对功能性需求越来越专业，对产品品类的需求也会越来越广泛。在大家纺的生活理念下，消费者已不满足于消费某件或某种产品，而是需要市场能够为婴幼儿提供安全、环保、美观、奇趣而益智的主题生活空间，需要空间中的主题形象、主题故事，需要最基本的婴幼儿床品，也需要与床品成系列化设计的窗帘、地毯、毛巾、浴衣、家居服、玩具、收纳袋、坐具等延伸产品，还需要空间中的婴幼儿家纺产品与家居空间环境的和谐一致。更进一步，我国婴幼儿与父母共处一室的生活方式，使我们的整体性设计不仅考虑婴幼儿家纺、家居空间环境，还要考虑空间中成人家纺在内的设计整合，于是，中国家纺的整体性设计将具有更为宽阔的视角与发展空间。

（四）民族个性化设计

若要占领国际市场，若要长远地拥有国内市场，产品必须有自己的民族个性，这一点在前期成人家纺的发展过程中已表现得非常清楚。中国市场巨大的消费潜力，使国际设计界刮起强劲的中国风，这是我国传统文化又一次大放异彩，使我国成人家纺最终在设计上迎来了民族风的春天。这样的事实告诉我们，中国的婴幼儿家纺设计最终也必然会走民族个性化发展之路，既要吸收国际成熟设计的优点，也要在婴幼儿家纺中融入中国传统文化元素。如设计符合婴幼儿特点的中式可爱卡通形象，小蝙蝠（谐中国传统文化的福）、梅花小鹿（谐禄）、小鱼（谐富余）、小老虎（象征健康、强壮），设计中国传统乐器的卡通形象（如琵琶、阮、笙、鼓等），使孩子在日常生活起居中接触、了解自己的传统文化，既有生活情趣，也寓教于乐，产生更为深远的影响和意义。

（五）品牌强化

现代市场竞争已从产品竞争演变为品牌竞争，在国外知名婴幼儿家纺品牌接踵而至，兵临中国市场之际，打造我国自己的知名品牌已是当务之急，未来我国的婴幼儿家纺企业将更加注重通过品牌建设、品牌营销来树立良好的企业形象。

疏通渠道，全方位塑造品牌形象。以"I-BABY"为例，从2008年创立至今，通过明星品牌代言、设计总监知名度影响、组织高端品牌峰会、运用各大媒体进行全面宣传等运作手段，该品牌有效传递了为中国下一代打造"安全、健康、美学、绿色"现代母婴生活方式的品牌理念，"天地之美，良心品质"的经营理念，"让下一代高贵成长"的企业使命，为中国富裕阶层0～6岁婴幼儿提供完整生活方式解决方案的品牌定位以及为婴幼儿提供健康成长环境，为新生代父母提供现代生活理念、科学育婴文化的品牌服务，成功塑造了"中国婴幼儿家纺第一品牌"的良好形象。

针对目标人群，精准定位市场。以中国家纺行业的龙头——罗莱家纺为例，就为旗下的"罗莱KID"品牌，预先做好了完备的市场细分框架。首先，按年龄段，分为0～3岁的婴幼儿系列，4～6岁的幼童系列，7～12岁的大童系列，13岁以上的青少年系列。按性别，分为适合男童的学院风、运动风、海洋风等系列，适合女童的公主风、田园风、梦幻风等系列，虽然其婴幼儿系列还处于准备之中，但罗莱此举已说明精准定位在未来竞争中的重要性。

线上、线下结合，发展体验式购物。体验式购物将是未来婴幼儿家纺产品营销的主要渠道，以"梦洁BABY"为首，已有多家企业开始着手以用户体验为中心出发点的实体店铺打造。消费者可通过网上下单——实体店亲身感受产品品质等过程，最终决定是否完成购买行为，这种虚拟与实体的结合，可以形成科学的购物闭环，大大缩短决策时间，使用户获得完美的购物体验。

种种迹象表明，我国婴幼儿家纺消费的大幅增长是必然趋势。随着"80后"、"90后"相继成为父母，他们对婴幼儿家纺的品质、品位将更为注重，要求将更为细致、多样、严格，当然，他们也会更加不惜财力的付出。对于企业而言，如果能以富含品牌文化、情感的高标准、高品质产品与产品服务给予消费者，则必将获得良好的市场回馈。

第二节 婴幼儿家纺产品的设计因素

婴幼儿家纺产品为 0 ~ 6 岁的儿童所使用，这一年龄段儿童的生理和心理特点决定了婴幼儿类家纺产品与成人家纺的不同。与成人类家纺产品相比，婴幼儿类家纺产品应更能体现纺织品柔软温暖的优势，适应婴幼儿娇嫩细腻的肌肤，为其提供更好的保护。也就是说，婴幼儿家纺产品的功能应更可用，材料应更安全，品种、造型、装饰应更丰富。

一、婴幼儿家纺产品的品种、功能

婴幼儿的主要活动场所为婴儿床，所以床上用品为婴幼儿家纺产品中最常用的一大类。婴儿床为防止婴幼儿翻身跌落多设计成四面有栏杆式的造型，床上用品须依附于这样的床而设计，如图3-1所示。一般婴幼儿的床上用品包括床帷、床单、枕头、被子、蚊帐等。四周的床帷起到防止婴幼儿碰伤的保护作用，也起到防风保暖的作用，设计时可以在满足实用的基础上增强其装饰性，达到既能突出可爱娇嫩，又能使婴幼儿对其产生好奇心和新鲜感的效用。针对婴幼儿夜晚容易踢被着凉的特点，常将婴幼儿的被子设计为连衣服形式的睡袋。这样的用

图3-1 婴幼儿床上用品

品既可以让婴幼儿的手臂自由活动，又允许其下肢随意踢蹬，与传统的围裹方式相比，婴儿睡袋的结构更有利于婴幼儿的健康成长。当将其设计为连帽的样式后，它又成为一件很不错的外出服，功能性得到增强。

设计婴幼儿家纺产品，要充分考虑婴幼儿的生理、心理特点，考虑功能的合理性。如在婴幼儿睡袋设计时，因考虑便于更换尿片，考虑使用的安全性，于是有拉链（而非纽扣、绳带）闭合的开合设计；因考虑外出，于是有连帽设计；因考虑居家方便使用，于是有圆领、鸡心领的简洁设计；因考虑冬季取暖，于是有装袖设计；因考虑春夏秋三季的便于穿脱，于是有无袖设计。如图3-2所示的睡袋即为圆领、无袖、前中装拉链式的设计。最具特色的是睡袋的前中腰节处断开，前下片加入褶裥，使婴幼儿下肢的活动空间增大、提升了睡袋的舒适性，同时也使造型更加可爱，就好像是婴儿的连身蓬蓬裙一样。可以想象在这样的睡袋中玩耍、熟睡的婴儿一定会非常幸福、快乐。

图3-2 婴幼儿睡袋

婴幼儿类家纺产品还有婴幼儿地垫、布艺玩具、杂物袋等。因为婴幼儿所需物品较多，如尿片、奶瓶、小玩具等，所以在床侧或墙头摆放个杂物收纳袋是一个不错的选择；地垫可以供婴幼儿坐、爬和练习走路，它的设计一定要考虑接地面的防滑性；布艺玩具安全、柔软、有弹性，最适宜娇嫩、自我保护能力弱的婴幼儿玩耍，如图3-3所示；布艺玩具篮既可以放置玩具，也可让婴幼儿提着它走路以练习平衡，成为功能性、趣味性兼备的实用玩具。

其实，婴幼儿家纺的功能性设计有着非常大的开发前景。比如功能性哺乳托，其表面由彩棉缝

图3-3 婴幼儿布艺玩具

制，内部有填充物，可以帮助妈妈在哺乳时托住婴儿身体，省去很多力气，设计得非常人性化，这一产品一经面世立刻受到妈妈们的追捧。因此，功能性婴幼儿家纺的开发是未来家纺产品开发的一个重要方向。

二、婴幼儿家纺产品的材料

婴幼儿皮肤娇嫩，骨骼也未发育成熟，所以在面料选择上应突出安全的原则，确保面料对皮肤无刺激性，面料的酸碱值必须在皮肤舒适的范围内。因为婴幼儿经常有将玩具（如毛绒玩具）或日常使用物品（如被子、毛巾等）放入嘴中吮吸的习惯，人体唾液中的一些化学物质会溶解被吮吸的有色纺织品中的染料，若溶落的染料对人体有害或其安全性不确定，则会造成对婴幼儿的不利影响，因此，婴幼儿家纺产品的染色和印花必须耐唾液浸泡，在保证不会掉色或褪色的同时，要确保婴幼儿即使吮吸纺织品也不会受到伤害。

婴幼儿排泄物较多，容易将衣物弄脏，所以吸湿性好、易洗涤的纯棉面料是首选，如经拉绒处理的纯棉绒布布身柔软、贴体舒适、保暖性好，常用于制作睡袋里布等与婴儿皮肤接触的部分。

婴幼儿肌肤细嫩、柔软、敏感，所以家纺面料的手感会直接影响婴幼儿的情绪，手感柔软、温暖、光滑的面料会给婴幼儿一种犹如母亲双手爱抚的感觉，能安定婴幼儿情绪，有利于婴幼儿的心理和生理健康，因此一些细棉布、法兰绒、针织布、毛绒织物等手感柔软，舒适的面料广泛运用于婴幼儿家纺中。柔软的人造毛因厚实、弹性好、能起到一定的保护作用，也常用来制作玩具、地垫等婴幼儿家纺产品。

为了保证面料使用、洗涤后表面的舒适度，面料表面应不易起毛起球，洗涤晾晒后手感应依然柔软。而且，优良的婴幼儿家纺面料应具有抗菌防臭功能、防蚊功能、阻燃、防燃等功能。为了使家纺内表面更光滑更舒适，婴幼儿家纺的贴身面应尽量减少缝迹数量，洗涤说明、商标、号型标志等可缝在外侧或者粘贴在家纺表面。

辅料的选择也应突出安全保护的原则，如地面铺设的地垫底布要采用防滑布，起到更好的抓地作用；纽扣易被婴幼儿抓食，应尽量避免使用；拉链也要使用尼龙材质的、细牙的、柔软的拉链；系带不宜过长，以免发生缠绕。

三、婴幼儿家纺产品的造型、色彩、装饰

婴幼儿家纺的造型非常丰富，如床帷的床头设计，就常采用平面形态与夸张可爱的立体造型相结合，使产品充满情趣的同时，又有助于引导人的视线去关注婴幼儿的表情。如图3-4所示的地垫设计，是一头憨态可掬的奶牛，它正热切地盼望着婴幼儿来同它玩耍呢。

婴幼儿家纺产品多采用明度较高的浅淡色系来衬托婴幼儿的娇嫩感，即柔软颜色，如淡蓝、浅绿、淡粉和淡黄等，这些饱和度不高的颜色应用于婴幼儿家纺中，可以保护婴幼儿的眼睛不被

图3-4　婴幼儿地垫

高纯度的色彩所刺激。其中，嫩粉、淡蓝、淡绿的色彩可以使婴幼儿显得清纯、可爱；淡黄色显稚拙、活泼；白色则显纯洁、干净。当然，还可以用少量纯度较高的色彩作为主色的点缀，目的在于突出活泼可爱的效果。

婴幼儿类家纺产品的装饰非常丰富。一方面，可以利用面料本身的图案，如小花、小动物、玩具等小巧的卡通图案；另一方面，也可以是以卡通形式表现的刺绣或贴花图案。装饰部位形成视觉中心，再配以饰花、缎带、蝴蝶结等元素，既增加了婴幼儿玩耍时的乐趣，又可以对婴幼儿进行色彩启蒙教育，同时，也增加了婴幼儿家纺的浪漫、温馨、可爱、纯洁的气息。

四、婴幼儿家纺产品的整体设计

随着人们生活水平的提高，人们对产品的需求不仅停留在产品的使用功能及物质层面，人们对产品提出了更高的精神要求，要求产品要具有一定的文化内涵，要求产品能表达一种情感，使人产生美感并令人精神愉快，甚至能使人产生联想，如何做到这一点是个很复杂的问题，但产品的整体设计无疑是增加内涵的一种有效设计手段。

婴幼儿家纺产品非常讲求整体设计。如图3-5所示的整体家纺产品，以淡蓝色为主色调，淡雅宁静，十分符合婴幼儿娇嫩的特点；在局部点缀浅黄色，利用纯度不高

图 3-5　婴幼儿家纺配套设计

的补色形成对比，避免单调感；同时使用了素色、点子、条纹三种不同纹样的蓝色面料，使视觉效果丰富而有变化；蝴蝶结在床帷、窗帘、灯罩上的反复使用，使总体气氛更显活泼、可爱；熊妈妈和熊宝宝的刺绣图案与小熊布娃娃相呼应，精致细腻，让人倍感温馨。

　　婴幼儿家纺产品的品质同功能、材质、造型、色彩、装饰等因素息息相关，婴幼儿家纺产品的设计又必须立足于婴幼儿生理、心理特征之上，对以上因素进行综合考虑。只有这种设计才能使美的形式与易用、安全、舒适的品质并存，才能在竞争激烈的大市场中立于不败之地，才能使我们的未来——可爱的婴幼儿生活得更加快乐、幸福。

第三节　婴幼儿系列家纺产品的设计开发

近年来，我国婴幼儿纺织服装业发展迅速，产品年销量节节上升，婴幼儿家纺产业为朝阳产业已是不争的事实。然而，相比国际先进水平而言，中国婴幼儿家纺市场还比较薄弱，市场上产品同质化严重，不论品种、花色、规格、材质、功能性还是价格，消费者的选择面都很窄，这种供求不平衡的现状使婴幼儿家纺市场蕴藏着巨大商机，也使其日益受到生产、销售企业的重视，在产品设计开发、市场销售等多个环节不断得以改善的原因。在这样的背景下，依托一定的产品品牌来探讨系列婴幼儿家纺产品设计的流程与方法，就显得非常具有实际意义。

（一）市场定位与消费群调研

图 3-6 所示为我国婴幼儿家纺市场调研分析架构图。从中可以看出，婴幼儿家纺市场虽具有非常可观的发展前景，但目前的高端市场还不成熟，由于价格昂贵，只能为少数消费者所接受，不能形成消费主流；低端消费市场又难以接受婴幼儿家纺相对偏高的价格，认为价格高是精明的商家根据"独生子女"现状在任意哄抬物价。而实际上，由于婴幼儿家纺产品在色牢度、甲醛含量、环保认证等方面规定得相当严格，无形中提高了婴幼儿家纺市场的准入门槛，增加了生产成本，也客观上导致了婴幼儿家纺的价格较高。面对这一现状，柔飞婴幼儿品牌将产品目标定位在中端与中偏高端市场，将消费群体定位于有中等及以上消费能力、文化程度较高、有一定审美取向的20 世纪 70 年代末 ~ 80 年代出生的父母们，这部分人群正是今天婴幼儿家纺市场的消费主力军。

对目标消费人群的调查显示，随着生活水平、文化程度的提高，消费者对婴幼儿家纺产品提出了越来越高的要求，在功能性、安全舒适性之后，对产品又提出了审美性、使用性、趣味益智性等方面的要求。

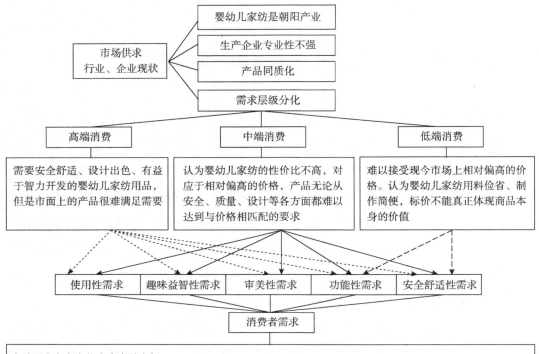

图 3-6　市场调研分析架构图

二、婴幼儿（男）系列家纺产品设计开发

（一）设计的主题与产品品类

　　首先，要针对婴幼儿家纺来谈谈系列设计的概念。所谓系列设计，是指企业对自己同一种类但不同品种的产品所采用的统一而又有变化的设计形式。系列中的个体以家族成员的形式出现在整体之中，个体之间具有相当的共通性。当系列设计的产品以一定的组合、搭配形式呈现在婴幼儿居住空间时，其表现形式就是整体家纺。系列设计突破了单品设计的局限，可以使单一设计迅速得以发展，使产品的影响范围更大，使企业获得更为可观的利润，因此，系列设计是企业适应现代市场竞争的良好手段。

　　我国婴幼儿家纺产品的设计生产刚刚起步，在系列设计、整体家纺方面的理念、实践还处于初级阶段，但目标消费群体的调研结果显示，已经有相当比例的人具有了对婴幼儿整体家纺的需求与认可。因此，柔飞品牌的新品开发项目立足于产品的整体设计（男童系列），主题概念为"远航"，目标是为健康、勇敢、智慧、宽厚的男宝贝营设一个安全、舒适、探索、奇趣的生活空间，主打产品为婴幼儿床品，并配以睡袋、床铃等婴幼儿床系家纺，地垫、软体沙发等婴幼儿嬉戏家纺，窗帘、布艺装饰画等婴幼儿装饰家纺形成系列整体。每件产品在销售时单件出售，消费者可以根据自身的喜好及需要进行二次组合，这样做既方便了商家销售，又调动了消费者的参与热情，使他们将对宝宝的美好期待转化为实际的购买行动，同时也为企业下一步的设计研发提供需求分析的第一手材料，从而达到三赢的良好效果。

（二）面辅料设计

1. 面辅料选择

婴幼儿系列产品的主要面料选用适合婴幼儿生理、心理特点的纯棉类面料——100%高支高密精梳棉，织物组织为平纹，支数为60英支，经纬密度为133根/10cm×72根/10cm。它柔软、吸湿性强，又便于打理、洗涤，是婴幼儿家纺产品的首选材质。同时，新品面料舒绒，因其环保、柔软、富有弹性，温暖舒适，可以作为婴幼儿家纺的贴体部分面料，如婴幼儿床毯的里布。辅料的选择也注重突出安全保护的原则，如地面铺设的地垫底布采用防滑布，起到更好地抓地作用；纽扣易被婴幼儿抓食，所以避免使用；拉链选择的是尼龙材质的、细牙的、柔软的无拉头拉链等。

2. 面料纹样设计

面料纹样设计立足于主题"远航"中所要表达的智慧、宽厚个性，根据婴幼儿生理尺寸小的特点，结合下一季纺织、服装面料图案的流行趋势，为男宝贝设计了规则或不规则粗细条纹图案、朝阳格图案以及与之色调相关的单色图案，并相互搭配，如图3-7所示。

图3-7　面料纹样设计

（三）色彩设计

在色彩设计上，根据设计主题——"远航"，结合消费群体约定俗成的审美心理、色彩流行趋势以及与市场上同类产品的差异化取向，确定海蓝色为男宝贝产品系列的主色调，加入白色，不同明度、纯度的蓝色与之变化而谐调；加入少量的撞色——橙色、红色以及与主色调相邻色系的绿色来增强产品的活泼跃动感与视觉冲击力。结合纹样与色彩，系列设计的面料如图 3-8（彩图 31）所示。

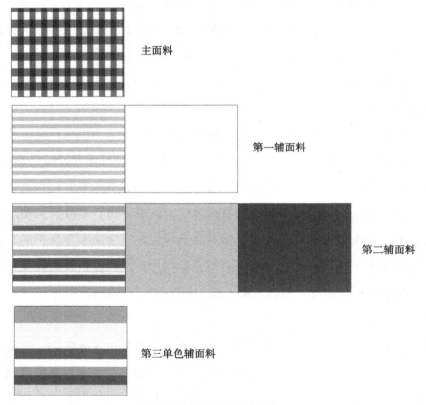

图 3-8　面料与色彩设计

（四）主题图案设计

男宝贝系列的主题图案设计以勇敢、智慧、宽厚为主导，选择与航海相关的海洋家族元素——鲨鱼、海螺、海星、螃蟹，远航元素——轮船、舵、锚、救生圈、灯塔为主题图案（图 3-9），并选择海景元素——海浪、海鸥、海滩、椰树等与之搭配，形成具有叙事情节的、能呈现一定语义的图案系列。设计中注重单个形象的简洁、意趣以及彼此之间的关联性，注重图案形态符合相应的生产工艺，而图案系列设计则注重对单个形象富有韵律美感的叠加组合（图3-10、图3-11）。

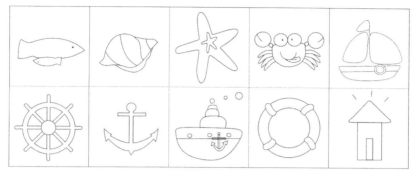

图3-9 主题图案设计

自由自在的鱼　　　翱翔的海鸥　　　远航归来的船

乘风破浪前行的船

明亮的灯塔为远航的船
照亮归来的航线

阳光明媚的海滩

图3-10 图案系列设计（一）

海滩系列组合

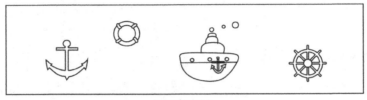

轮船系列组合

天空系列组合

图 3-11　图案系列设计（二）

（五）装饰设计

系列婴幼儿家纺设计需要进行整体的装饰设计，选择符合主题的装饰元素，使其贯穿于系列之中，从而使产品系列呈现出一致的装饰风格特征。装饰元素的选择既要考虑与设计主题相符合，与流行趋势相一致，又要考虑对前期设计要素诸如图案、色彩等的合理表现，考虑装饰与工艺的科学完美契合。男宝贝系列家纺最终确定面料拼接、贴布绣、线迹绣、嵌线为系列设计的主体装饰元素，系列产品的个体设计须在主体装饰元素的引领下逐次细化展开。

（六）款式设计

款式设计环节是系列设计从整体到个体的过渡。在这一环节，首先要从一个整体的视角，结合前期已定案的面料、色彩、图案、装饰等元素来进行产品系列的形态风格设计，使各设计元素依托款式载体完美调和，并使系列产品呈现出一致的外形风貌。

而在单件产品的款式设计环节，则要注重产品的功能性设计，并在满足功能性的前提下，进行产品的安全性、审美性、使用性以及趣味益智性设计，同时也要注重款式与结构工艺的合理配置，使设计能够快速转变为生产力。

例如图3-12（彩图32）中的婴幼儿床围设计，正面采用蓝白色朝阳格与浅淡蓝白条纹面料拼接，并结合贴布、仿手工刺绣、局部的立体化处理、内置响纸来表现生动活泼、趣味益智的主题场景，为妈妈的亲子哺育提供生动的话题，使婴幼儿犹如置身于远航的童话世界，在听、视、触、问、思中达到开发智力，提高认知能力的良好效果。在床围的上部，用同色系的蓝色嵌线来装饰，将审美、时尚元素融入设计，同时功能上也增强了床围自身的支撑性。产品呈现的自然、大气、跃动、活力的气质与婴幼儿活泼好动的生理特点相符合，也与设计主题相一致。在产品使用性方面，床围的八组绑带单根长度不超过14cm，可以有效防止因缠绕而发生的意外；采用床头、床侧、床尾一体，而另一床侧分体的结构，可随时根据使用需要而分合，方便使用；填

图3-12 婴幼儿家纺的整体设计效果图

充物为优质环保的硬质棉，既可以保证婴幼儿在翻动或玩耍时不被碰伤，也克服了常见的中空棉产品体积庞大，过分占据床上空间的缺点；而内芯与床围套采用的分体设计，更是有效便于清洁洗涤。上述设计充分体现了设计者对使用者的关注与关怀，而也只有将使用者的需求渗透到产品的每个细节，融入系列设计的每个个体，才能使整个产品系列呈现出高品质的风貌。

（七）系列产品的样板与工艺

婴幼儿系列产品的设计开发既要关注产品的设计环节，也要同样关注产品的技术环节，如睡袋的样板设计就可以很好地说明这一点。调研结果显示，目前市场上几乎所有的成长睡袋都存在一定的使用性与安全性隐患。市场上常见的成长睡袋针对的婴幼儿年龄为 0 ~ 5 岁，长度规格一般为 120cm，围度规格为 100 ~ 110cm，这样的长度规格符合婴幼儿成长发展的规律，可是围度规格对于 1 岁以内的婴幼儿来说就过于宽大。据一些新生儿父母反映，甚至发生过婴儿短短的手臂被袖圈卡住，或是嘴从睡袋领圈中滑入而几乎窒息的危险事故。因此，在睡袋样板设计时，在研究 0 ~ 5 岁婴幼儿生理尺寸的基础上，将成长睡袋的围度规格设计为 80cm，领圈尺寸设计为 36cm，而对于由此产生的下身空间减少，不利于下肢活动的缺憾，则通过在前身增加腰节线分割，在分割处增加缩褶的结构来解决，这样的设计既保证了睡袋上部的安全合体，又保证了下肢活动的方便宽松。收获不仅至此，缩褶处理使睡袋形如莲蓬般优美可爱，又完满地契合了婴幼儿的生理特点（图 3–13，彩图 33）。

图 3–13　睡袋设计

三、婴幼儿（女）系列家纺产品的设计开发

（一）设计主题与产品品类

女宝贝系列设计是为兔年的新品开发项目，目标在于为健康、聪明的兔宝贝营设安全、舒适、雅致、奇趣的生活空间。系列设计以婴幼儿床品——婴儿被、床毯、床帷、床单、枕头、床笠、床裙为主打产品，并在此基础上，扩展出睡眠空间中与之配套的睡袋、杂物袋、布艺床铃等婴幼儿床系家纺；地垫、游戏抱枕、布艺玩具、软体沙发等婴幼儿嬉戏家纺；窗帘、布艺装饰画、布偶等婴幼儿装饰家纺。系列产品在销售时是单件出售的，消费者可以根据自身的喜好、需要进行不同的组合选择。丰富的品类、精心地挑选能够更好地调动消费者的参与热情，使他们将对宝贝的美好期待转化为实际的购买行动。

（二）主题形象及其系列图案设计

主题形象设计根植于我国大众认同的生肖文化。2011年为兔年，所以为兔宝贝设计的新品选择了兔作为主题形象。在充分考虑了性别特点、形态语义、形式美感、工艺可实现性等因素之后，最终，为女宝贝设计的主题

图3-14　主题形象卡通兔的立式与卧式

形象如图3-14所示。这只耳朵大大、身体圆圆、四肢短短的卡通兔是否传达了乖巧、可爱、风趣的语义呢……

主题形象设计之后，进行了如图3-15所示的主题形象系列图案设计。该环节的设计主要从趣味益智性、审美性出发，立足于具象、生动的形态和有趣的生活场景，使产品具有一目了然的情节和明确诙谐的产品语义，而图案与图案之间的组合联系，又为宝贝和父母亲提供了想象与再创造的空间。在设计过程中，有一点是始终不可忽视的，那就是对图案形态简洁概括的注重，使图案形态符合现代工业产品的特征，符合相应的生产工艺要求，这样，才可以使企业方便快捷地进行生产投入，为下一步的批量生产提供无限可能。

呼唤兔宝贝的小伙伴　　　　沉醉在花香中的兔宝贝　　　　兔宝贝的美丽花园

兔宝贝的家　　　　　　　采蘑菇的兔宝贝　　　　　　躲雨的兔宝贝

图 3-15　主题形象系列图案设计

（三）面料与色彩设计

1. 面料材质的选择

婴幼儿家纺在面料选择上应突出柔软舒适、安全的原则，确保面料对皮肤无刺激性；同时由于婴幼儿排泄物较多，容易将衣物弄脏，所以吸湿性好、易洗涤的性能也是非常重要的因素，因此，主要面料选用适合婴幼儿生理特点的纯棉类面料——100%高支高密精梳棉，它柔软、吸湿性强，又便于打理、洗涤，是婴幼儿家纺产品的首选材质。其次，新品面料舒绒，因其环保、柔软、弹性，温暖而舒适，可以作为婴幼儿家纺的贴体部分，比如床毯里布、主题形象布偶等制作面料。

2. 面料纹样的系列设计

在面料纹样选择上，根据婴幼儿生理尺寸小、柔软、娇弱的特点，结合最新纺织、服装面料图案流行趋势，为女宝贝设计了规则或不规则的小圆点图案，不规则小花卉图案以及与之色调相关的单色图案，并相互搭配，如图 3-16 所示。

3. 色彩及色彩系列设计

在色彩设计上，根据大众的约定俗成的审美心理，确定娇嫩、活泼、高明度为设

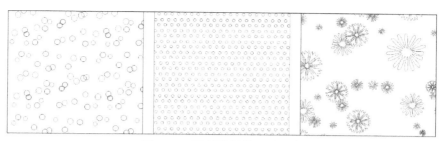

图 3-16 面料纹样的系列设计

计关键词；根据目前我国纺织品印染工艺的现状，确定浅淡色系为设计关键词；根据当年的色彩流行趋势以及与市场上同类产品的差异化取向，确定裸色为设计关键词。最终，选择了浅淡橙粉为女宝宝产品系列的主色调，加入米白与之形成变化。加入少量的撞色——蓝色以及与主色调同色系的深赭石色来增强产品的活泼感与视觉冲击力，并将色彩与纹样相结合而确定了系列设计的面料，如图 3-17（彩图 34）所示。

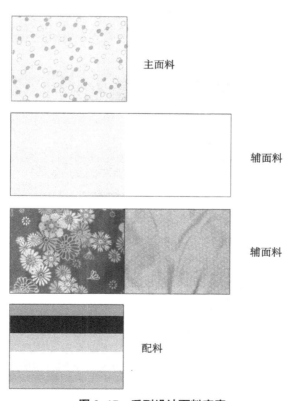

主面料

辅面料

辅面料

配料

图 3-17 系列设计面料定案

（四）产品系列的款式设计

在系列产品的款式设计环节，首先从宏观角度，根据婴幼儿的生理、心理的特点，结合最新纺织服装的流行趋势，确定面料拼接、蝴蝶结、刺绣、嵌线为系列设计的主体元素，再以主体元素为主线，遵循先大后小、先主后次、统筹全局、关注细节的原则，逐次完成系列设计的每件产品，最终实现设计主题——兔宝宝温馨、雅致、奇趣的生活空间，如图3-18（彩图35）所示。

图3-18 婴幼儿（女）系列家纺的整体效果

款式设计并不仅考虑功能、审美因素，更要注重依托款式载体来进行安全舒适性与使用性设计。图3-19（彩图36）为婴幼儿床围的设计局部，正面采用淡米色与淡橙色圆点面料的拼接设计，并在淡米色面料上，结合贴布、仿手工刺绣、局部的立体化处理来表现生动活泼、趣味益智的主题场景，使婴幼儿犹如置身于童话世界，在对美丽童话的听、视、触、思中达到开发智力，提高认知能力的效果。在床围的上部与背部，分别以深赭色嵌线与蝴蝶结装饰，将审美、时尚元素融入设计，使产品呈现出素雅、洁净、跃动、活力的视觉感受，符合婴幼儿可爱、活泼的生理特点。在使用性方面，床围的八组绑带单根长度不超过14cm，可以有效防止因缠绕而发生的意外；采用

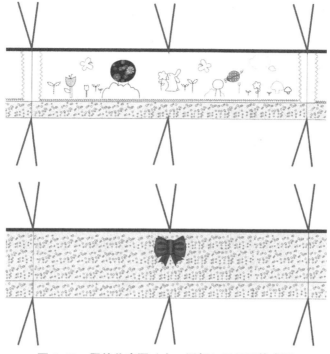

图3-19 婴幼儿床围（女、局部）正反面款式图

床头、床侧、床尾一体，而另一床侧分体的结构，可随时根据使用需要而分合，方便使用；填充物为优质环保的硬质棉，既可以保证婴幼儿在翻动或玩耍时不被碰伤，也克服了常见的中空棉产品体积庞大，过分占据床上空间的缺点；而内芯与床围套采用的分体设计，更是有效方便了清洁洗涤。上述设计充分体现了设计者对使用者的关注与关怀。而也只有将使用者的需求融入产品的每个角落，渗透到系列产品的每个个体的设计，才能使整个产品系列呈现出高品质的风貌。

（五）产品系列的工艺定案

在系列婴幼儿家纺产品设计中，在表现叙事性图案时，起先使用了相当数量的贴布绣处理。贴布绣工艺需要有一定甲醛含量的辅料——黏合衬，从安全角度考虑是不宜用在婴幼儿家纺中的，但不使用黏合衬又很容易使布面不平整，影响产品的外观效果，所以最终工艺定案时，确定用贴布绣与仿手工线迹绣相结合的工艺来代替大量的贴布绣，减少贴布的面积（只在较大的贴布时使用），使叙事图案呈现出虚实结合、线面结合、细腻柔软的特征，这样做既能解决工艺困难，又能减少生产成本，并很好地表现环保、天然的设计思想，意趣、稚拙的设计风格，更与市场上同类产品形成差别，使产品系列独具特色。

　　婴幼儿家纺市场是一个不同于成人家纺的专业细分市场，是一个小的专业领域，为其设计却可以说是大的系统工程，在设计中要时刻以用户为中心，解决使用者——第一用户婴幼儿、第二用户婴幼儿父母的实际之需，满足他们对产品功能性、安全舒适性、审美性、使用性、趣味益智性等方面的多元化要求，同时还要能够容易制造、科学生产，并很好地传达企业的卖点信息。如何做到这一点是值得每个家纺设计师深思的问题，而系列化的产品设计，人性化的设计传达、安全化、宜人化的产品使用无疑是婴幼儿家纺产品的重要发展趋势，也是今天市场细分中企业能够脱颖而出的先决条件。

第四节　婴幼儿睡袋产品的优化设计

一、婴幼儿睡袋产品的市场调研

　　伴随着我国人民生活水平的大幅提升，婴幼儿人口数量的急速增长，婴幼儿家纺产业成为前景广阔的朝阳产业已是不争的事实。婴幼儿睡袋，作为婴幼儿家纺中的典型产品，作为防止婴幼儿蹬被而使用的睡眠用品，受到了消费者越来越多的关注与青睐。然而，目前在我国市场上，几乎所有的婴幼儿睡袋都存在一定的使用性与安全性问题，与拥有完备的功能性、优良的安全舒适性、悦目的审美性、宜人的使用性、奇妙的趣味性的欧美产品相比，我国的婴幼儿睡袋从品质到设计都需要大幅度的优化与提升。

　　我国市场常见的婴幼儿睡袋的调研分析如表 3-1 所示。

表 3-1　我国市场常见的婴幼儿睡袋的调研分析

款式	款式图	优缺点	材质	审美使用
信封式		长方形如信封样。结构简单，可以在幼儿被与睡袋之间变换。但上下尺寸相同导致下部尺寸偏小，束缚双腿的活动。如果尺寸加大，则上部尺寸偏大，婴幼儿很容易整个人钻到睡袋里或溜出睡袋。安全性差	纯棉机织面、里料，贴身柔软性较差。腈纶棉填充材料，吸水性较差	基本采用浅色系列，颜色、图案、装饰比较单一，很多设计缺乏对婴幼儿的生理、心理特点、人体尺寸的研究，很少考虑婴幼儿睡袋的可用性
葫芦式		形如葫芦，颈部收窄，底部圆大，增加了婴幼儿双腿活动的舒适度，活动空间仍有不足	纯棉机织面、里料，贴身柔软性较差。纯棉填充材料，耐洗涤性差	
衣服式		形如衣服，方便婴幼儿活动，保暖性好。但穿脱不便，做工复杂，价格高。使用辅料——拉链，纽扣等较多，安全性较差	纯棉机织面、里料，贴身柔软性较差。腈纶棉填充材料，舒适性差	
蚕茧式		形如蚕茧，贴身紧裹婴幼儿，保暖性好但通透性差，对婴幼儿的束缚太大，不利于婴幼儿健康成长	纯棉针织面、里料，柔软但易变形；纯棉填充材料，耐洗涤性差	
背心式		形如背心。通透性好，穿脱方便，适合夏季使用。在冬季保暖性差	纯棉针织料，柔软、舒适但易变形	

调研结果显示了目前我国婴幼儿睡袋产品在尺寸协调性、通用性、成长性、材质、审美性等方面存在的问题，也折射出结合婴幼儿生理、心理特点进行睡袋优化设计的必要性。

二、基于婴幼儿生理、心理特点的设计优化分析

（一）尺寸协调性

婴幼儿生理尺寸小，但活泼好动，尤其是下肢的活动量、活动范围都很大，这就需要婴幼儿睡袋具有足够舒适的下部活动空间，而现有婴幼儿睡袋的上部围度尺寸相对于婴幼儿娇小的生理尺寸来说过于宽大，存在着可怕的安全隐患，而下部围度尺寸又不足以提供婴幼儿自如活动所需的舒适空间。

（二）睡袋的通用性

婴幼儿神经系统发育还不完善，容易尿床，一般同期需要两到三条睡袋替换使用。而背心式睡袋虽有穿脱方便、通透性好的优点，但保暖性差，只适合夏季使用；连袖式睡袋固然保暖性好，但通透性差，只适合秋冬季节使用。考虑到婴幼儿睡袋价格在婴幼儿床品消费中所占比例较高的因素，每个婴幼儿同期需要两到三条睡袋替换使用，如果再考虑季节更替，则每人在出生第一年中就会有五到六条的睡袋购买量，这对于一个普通收入的家庭来说是不小的开支，既不经济也不环保，当然，也必定制约婴幼儿睡袋产品的普及使用。

（三）睡袋的成长性

婴幼儿成长很快，尤其是短期内身高变化大，固定尺寸的睡袋或大或小，不能适合其成长的要求，因此，在进行婴幼儿睡袋设计时，需要从婴幼儿的生理特点出发，设计长度尺寸可调节的睡袋来满足消费者的需求。

（四）材质选择

睡袋的材质选择主要涉及睡袋面料、里料与填充材料的选择。由于婴幼儿皮肤娇嫩、骨骼发育不完全、排泄物较多，所以目前市场上的婴幼儿睡袋大都选择吸湿性强，又便于打理、洗涤的纯棉材料作为睡袋面料、里料的首选，耐洗涤的化纤棉、吸湿的纯棉作为填充材料的首选。但这里存在的问题是，婴幼儿睡袋的面料不仅要求吸湿性

强，便于打理，也要具有一定的牢度、耐磨、耐洗性才能保证使用寿命，而里料由于与婴幼儿直接接触，不仅要吸湿性强，更需要良好的洗前、洗后柔软度才能保证使用舒适；而对于填充材料来说，目前使用的化纤棉、纯棉填充材料都有一定的局限性，化纤棉耐洗涤但吸湿性差，纯棉吸湿性好但不耐洗涤。因此，在材质选择上，有待于设计的进一步优化。

（五）审美性

目前国内市场生产的婴幼儿睡袋在图案、色彩、造型、装饰、细节等方面都比较单一，消费者的选择面很窄，尤其是有些品牌的产品只为设计而设计，仅只是卡通图案的使用，既缺乏对市场的深入调研，又缺乏对婴幼儿生理、心理的研究，还缺乏与流行趋势的结合，更不能将审美性的形式与产品的功能性、使用性、环保要求等因素结合起来，致使婴幼儿睡袋在审美设计方面有很大的提升空间。

三、婴幼儿睡袋产品的优化设计

（一）上下尺寸协调设计

市场上常见的针对 0 ~ 5 岁婴幼儿睡袋的长度规格为 120cm，围度规格为 100 ~ 110cm，这样的长度规格符合婴幼儿的人体尺寸，能够满足他从出生成长到 5 岁的生理特征，可是围度规格却存在严重的安全隐患。100 ~ 110cm 的围度，与之相配合的领圈尺寸、袖窿尺寸对于 0 ~ 1 岁的婴幼儿来说就过于宽大了，容易发生婴幼儿口部从睡袋领圈中滑入睡袋的窒息伤害，发生婴幼儿手臂从袖窿口缩入睡袋中被卡住的肿胀、折断伤害。因此，针对现有产品的不足，依据 0 ~ 5 岁婴幼儿的生理成长特征与尺寸，人们将睡袋产品的围度规格设计为 80cm，领圈尺寸设计为 36cm，袖窿尺寸设计为 36cm，这样的规格设计既考虑了 0 ~ 1 岁婴幼儿使用时的安全性，又考虑了 1 岁以上婴幼儿使用时的舒适性，而且围度尺寸的减小，不仅提高了产品的安全性，也带来了更好的保暖性。但是，围度变化同时带来了产品下身活动空间的减小，不符合婴幼儿下肢活动的使用舒适性要求，所以，将睡袋设计为上身下裙的有腰节线分割的造型，后身采用无伸缩的平缝工艺来保证仰卧常态的舒适性，前身则引入左右对称的大褶裥结构来保证下部的宽松与便于活动，并形成上小下大、饱含缩褶的莲蓬形态，更好地契合婴幼儿活泼可爱的生理特征，如图 3-20 所示。

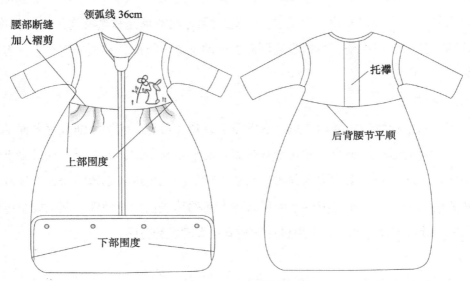

图 3-20　婴幼儿睡袋的设计

（二）通用性设计

设计采用了衣身与衣袖分体，并通过无拉头细牙拉链相连接的结构，使睡袋的衣身、衣袖可根据使用需要在不同季节随时分合，减少了婴幼儿个体年使用睡袋的数量，增强了睡袋的通用性。尤其是为婴幼儿细腻娇嫩的皮肤考虑，设计了衣身、衣袖连接处的袖连接挡布，目的在于避免拉链在穿着时可能产生异物感；设计了袖口盖片，目的在于保暖并防止婴幼儿抓伤自己（图 3-21）。

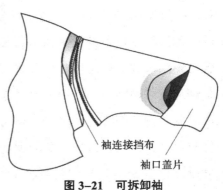

图 3-21　可拆卸袖

（三）成长性设计

睡袋由主体睡袋与加长包两部分组成。主体睡袋的长度为 90cm，可以满足婴幼儿 0～3 岁使用，连接加长包后长度可达 120cm，可以满足幼儿 3～5 岁使用。当睡袋加长时，主体睡袋下部与加长包通过子母扣相连，根据使用需要可随时分合，在不需要加长包所提供的加长尺寸时，加长包可卸下为睡袋的收纳袋使用，这样产品的功能得到了扩展、延伸，如图 3-22 所示。

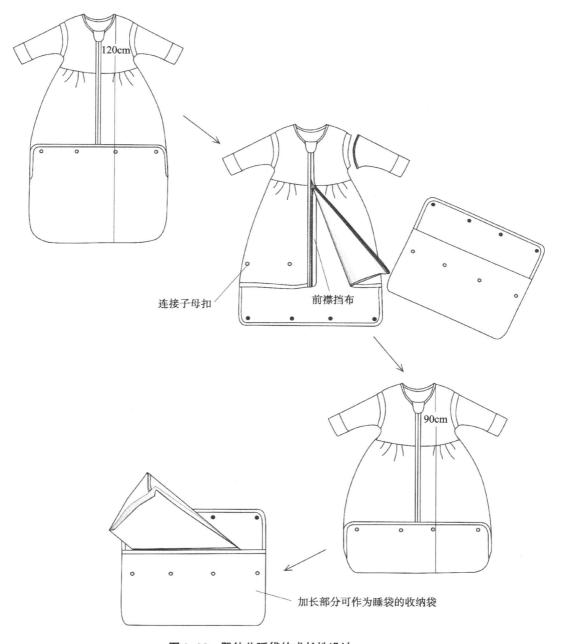

图 3-22　婴幼儿睡袋的成长性设计

（四）细节设计

前门襟采用双向拉链，既方便穿脱，又方便更换尿布；拉链下部设计了由下而上并可在颈脖处向外翻转的前襟挡布（图 3-20），可以避免婴幼儿细腻娇嫩的皮肤与拉链直接接触，提升了婴幼儿睡袋的安全性和舒适性。后背的托襻设计（图 3-20），使抱起、放下婴幼儿更为便利。

（五）材质选择

对于睡袋面料，考虑了牢度、耐磨性要求，选择机织结构的高支高密精梳纯棉材料；睡袋里料，考虑了吸汗、柔软度要求，选择更加舒适的针织结构的针织纯棉材料。填充材料则选择舒适性、吸湿性、保暖性都不逊色于纯棉，而耐洗涤性又可与化纤棉媲美的竹纤维填充材料，并采用将里料与填充材料绗缝在一起的工艺，增强了里料的牢度与填充材料的洗涤稳定性。

（六）审美性设计

在面料图案、色彩设计上，根据婴幼儿生理尺寸小、柔软、娇弱的特点，根据大众约定俗成的审美心理，结合色彩流行趋势，选择了规则、不规则小波点、不规则小花卉以及单色图案来呼应搭配；选择了浅淡橙色与米白色作为产品的主色调，并加入少量的撞色、与主色同色系的深色作为辅助色。在装饰设计上，采用了圆润、可爱的卡通小兔形象，加入了嗅花香的图案情节，并结合拼接、贴布与刺绣装饰工艺，通过点、线、面、体的虚实结合来呈现产品的可爱语义与视觉冲击力（图 3-23）。

（七）工艺设计

为了使婴幼儿睡袋内表面更为光滑、舒适，睡袋的下部设计为无侧缝的整体结构，在提高舒适性的同时，尽量减少裁片数量、节约面料、简化工艺，从而降低成本；采用睡袋里料和填充料绗缝工艺，有效提高了睡袋的牢固性，提高了里料的使用寿命，提高了填充料的耐洗涤性能；并且，洗涤说明、商标等都缝在睡袋外侧以保证睡袋的舒适性。睡袋最终成品如图 3-24 所示。

（八）设计的延伸

设计延伸是指在睡袋设计的基础上，完成与婴幼儿睡袋配套的系列产品设计，为消费者提供多重选择空间，使他们可以根据需要来随意进行搭配。延伸设计要立足于

图 3-23　婴幼儿睡袋的审美性设计

图 3-24　婴幼儿睡袋单品

婴幼儿的生理、心理特点，追求产品的安全、舒适、可用与宜人性，并通过图案、色彩、面料、款式、装饰等设计要素的协调与碰撞，形成悦人的动感与韵律，深刻地打动消费者，彰显产品的迷人魅力，最终完成产品的优化设计。

婴幼儿睡袋的优化设计具有很强的代表性，其设计方法与过程可以投射到整个婴幼儿家纺产品的大设计之中。把握婴幼儿的生理、心理特征，有针对性地进行产品开发与研究，不但有助于提高其经济价值和社会价值，更有助于提高和完善婴幼儿良好性格的培养。作为有社会责任感的设计师，理应从此类特殊人群的角度去审视设计，尽可能设计出更多的安全舒适、可用、宜人的优良产品。

参考文献

［1］高小红，邹启华.家用纺织品配套设计与工艺［M］.北京：中国纺织出版社，2014.

［2］唐纳德·A.诺曼.设计心理学［M］.北京：中信出版社，2003.

［3］李乐山.工业设计思想基础［M］.北京：中国建筑工业出版社，2001.

［4］尹定邦.设计学概论［M］.湖南：湖南科学技术出版社，2004.

［5］陈炬.产品形态语义［M］.北京：北京理工大学出版社，2008.

［6］沈婷婷.家用纺织品造型与结构设计［M］.北京：中国纺织出版社，2004.

［7］崔唯.纺织品艺术设计［M］.北京：中国纺织出版社，2004.

［8］范丽霞，李月.窗帘织物与室内空间环境的配套设计［J］.丝绸，2012（07）：55-60.

［9］徐百佳.论主题性概念的家用纺织品设计［J］.丝绸，2009（08）：17-19.

彩图 1　卧室整体家纺设计

彩图 2　整体家纺的单品呼应

彩图 3　客厅整体家纺设计

彩图 4　现代清新海洋风的整体家纺设计

彩图 6　欧式古典风格的整体家纺设计

彩图 5　中式古典风格的整体家纺设计

彩图 7　现代风格的整体家纺设计

彩图 8　田园风格的卧室空间整体家纺设计

彩图 9　田园风格的餐厅空间整体家纺设计

彩图 10　民族风格的整体家纺设计

彩图 11　新中式风格的整体家纺设计

彩图 12　整体家纺设计中的色彩对比

彩图 13 "定色变调"的整体设计

彩图 14 图形组合的整体设计

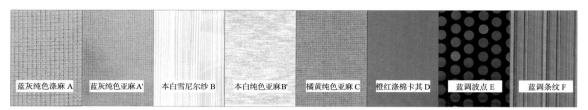

蓝灰纯色涤麻 A	蓝灰纯色亚麻 A'	本白雪尼尔纱 B	本白纯色亚麻B'	橘黄纯色亚麻 C	橙红涤棉卡其 D	蓝调波点 E	蓝调条纹 F

彩图 16　客厅家纺面料定案

彩图 15　客厅整体家纺设计效果图

彩图 17　整体家纺设计的装饰布偶

彩图 18　靠垫装饰工艺

彩图 19　客厅空间中整体家纺实物效果图

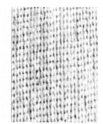

彩图 20　卧室整体家纺面料

彩图 21　珊瑚图案靠垫设计

彩图 22　水波形绗缝靠垫设计

彩图 23　卧室整体家纺设计效果图

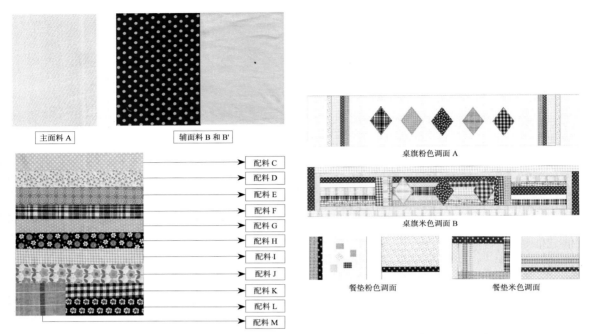

主面料 A

辅面料 B 和 B'

配料 C
配料 D
配料 E
配料 F
配料 G
配料 H
配料 I
配料 J
配料 K
配料 L
配料 M

彩图 24   整体设计的面料定案

桌旗粉色调面 A

桌旗米色调面 B

餐垫粉色调面

餐垫米色调面

彩图 26   双面桌旗与餐垫款式设计图

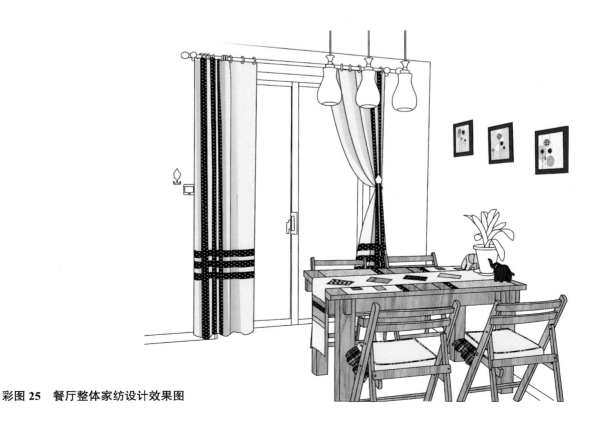

彩图 25   餐厅整体家纺设计效果图

彩图 27 卫浴空间整体家纺设计效果图

彩图 28　和风系列布艺花瓶

彩图 29　田园卡通系列布艺花瓶

彩图 30　布艺花瓶的应用

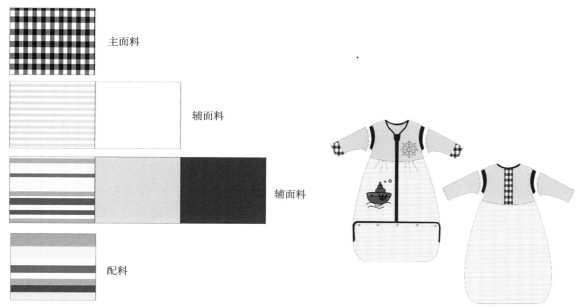

主面料

辅面料

辅面料

配料

彩图 31　婴幼儿系列家纺（男）面料与色彩

彩图 33　系列产品中的睡袋设计

彩图 32　婴幼儿家纺的整体设计效果图

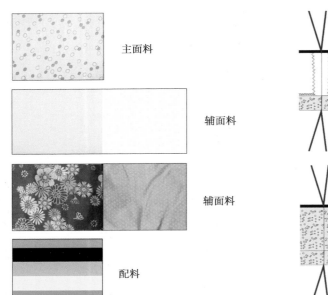

主面料

辅面料

辅面料

配料

彩图 34　系列设计面料定案

彩图 36　婴幼儿床围（女局部）正反面款式图

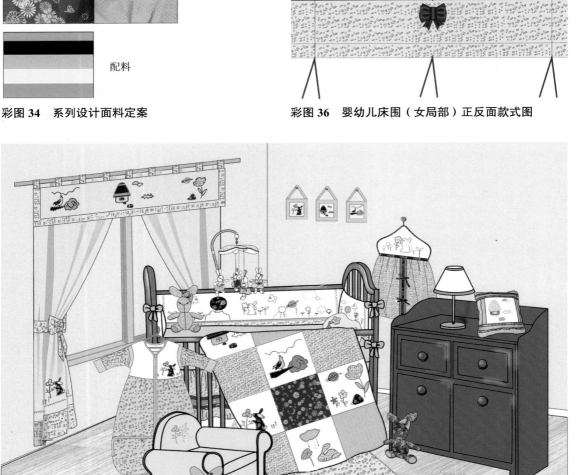

彩图 35　婴幼儿（女）系列家纺的整体设计